建筑结构设计与造价控制

候红娥　赵明昱　罗　丹　主编

汕頭大學出版社

图书在版编目（CIP）数据

建筑结构设计与造价控制 / 候红娥，赵明昱，罗丹
主编. -- 汕头 : 汕头大学出版社，2024. 12. -- ISBN
978-7-5658-5512-2

Ⅰ. TU318；TU723.31

中国国家版本馆CIP数据核字第20250CR437号

建筑结构设计与造价控制
JIANZHU JIEGOU SHEJI YU ZAOJIA KONGZHI

主　　编：候红娥　赵明昱　罗　丹
责任编辑：郑舜钦
责任技编：黄东生
封面设计：刘梦杳
出版发行：汕头大学出版社
　　　　　广东省汕头市大学路 243 号汕头大学校园内　邮政编码：515063
电　　话：0754-82904613
印　　刷：廊坊市海涛印刷有限公司
开　　本：710mm×1000mm　1/16
印　　张：10.75
字　　数：182 千字
版　　次：2024 年 12 月第 1 版
印　　次：2025 年 2 月第 1 次印刷
定　　价：56.00 元
ISBN 978-7-5658-5512-2

编委会

前　言

　　建筑结构设计与选型和结构设计中的定量计算与分析是结构设计工程师必备的两种能力，都很重要。结构设计的最终目标是保证结构在正常使用条件下的安全、稳定和耐久性。结构的概念设计与定量计算分析的科学原则都是建立在建筑结构的材料力学、结构力学等学科的理论基础之上，同时还需符合我国建筑工程结构可靠度统一标准。建筑结构概念设计的原则应贯穿于整个结构设计过程之中，从结构设计选型、结构构件的布置直至构件节点设计，每个环节都应有所体现。我国各种建筑结构设计规范既重视结构的定量计算与分析，也非常重视结构安全概念设计的理论原则。尤其是我国的抗震设计规范，在不同的结构形式抗震设防中，都很明确而充分地体现出概念设计与定量计算分析的必要性和重要性。这一科学原则始终贯穿于整个设计的各个阶段。建筑工程抗震规范的结构概念设计原则和结构定量计算分析理念都来自地震时对不同结构形式破坏形态的分析研究和地震试验台上模拟试验的成果。在这里，应特别指出的是结构的定量计算存在一定的近似性和局限性。建筑结构在正常使用条件下的实际受力状态也存在着一定的不确定性。结构的安全概念设计应是对定量计算的重要补充与完善，以便能够更好地保证结构在正常使用条件下的安全、稳定和耐久性。结构概念设计的明确提出是希望结构设计工程师更自觉地运用这种方法来提高结构设计的质量。

　　在当前的建筑工程中，建筑结构设计对建筑工程有着重要的作用，是建筑过程中复杂而又不可缺少的部分，对建筑物的安全、性能、经济、外观等有着直接影响。工程造价是业主、承包商、监理、咨询单位最关注的核心，其合理性、严肃性将直接影响着建筑工程的质量、进度和费用，准确合理的工程造价对政府和业主的决策有着至关重要的作用。工程造价是决定工程可行性的首要因素，工程造价的控制决定了整个工程的骨骼。工程结构设计和工程造价是统一整体，相互配合，相互促进。

　　本书主要介绍了建筑结构设计与造价控制方面的基本知识，分析了建筑结构设计、框架结构设计、剪力墙结构设计等内容，重点研究了建设工程设计阶段工程造价控制、建设项目招标投标阶段工程造价的控制、建设工程施工阶段工程造价控制等内容。本书在写作时突出基本概念与基本原理，同时注重理论与实践结合，希望可以对广大相关从业者提供借鉴或帮助。

限于笔者水平，书中定有不当或者不妥之处，敬请广大读者批评指正！

目　录

第一章　建筑结构设计

第一节　结构体型

一、平面形状、偏心距

（一）平面形状

一般的多层建筑在设计时建筑体型的影响不大，而高层建筑则不同，建筑体型影响较大。建筑体型直接关系到结构的可行性及经济性。复杂的外形平面使楼盖在其自身平面内的刚度多处发生变化，建筑物的水平力合力中心与刚度中心偏离，容易使建筑物产生扭转。平面形状转折处往往产生应力集中，加大结构中某些构件和节点的内力。当结构单元长度过大时，容易产生较大的温度应力，在地震时，建筑物两端亦可能发生不同的地震运动，对上部结构产生不利影响。

高层建筑的建筑平面一般可设计成矩形、方形、圆形、Y形、L形、十字形、井字形等。从抗风的角度看，具有圆形、椭圆形等流线型周边的建筑物所受的风荷载较小；从抗震的角度看，平面对称，结构抗侧刚度均匀，平面高宽比较接近，则其抗震性能好。高层建筑的平面及体型虽然形形色色，但其主导体型不外乎板式及塔式两大类。板式建筑指建筑物宽度较小、长度较大的体型，塔式建筑则指建筑平面外轮廓的总长度与总宽度相接近的建筑。板式建筑的优点是房间的采光效果较好，房间面积利用率高，但板式建筑短边方向的侧向刚度小，对高度较大的高层建筑不利，高度越高，越要避免长宽比（L/B）很大的平板式平面。必要时，可做成曲线或折线形，以增加短边方向刚度。塔式建筑平面形状多，例如圆形、方形，长宽接近的矩形、三角形、Y形、十字形等。塔式建筑在高层建筑中颇为普遍，尤其当高度较大时的高层建筑几乎都是塔式的。

　　建筑的平面形状应力求简单、规则，尽量使结构抗侧刚度中心、建筑平面形心、建筑物质量中心重合，以减少扭转影响。地震区的高层建筑，其平面布置应符合下列要求：

　　(1) 平面宜简单、规则、对称，减小偏心，否则应考虑扭转不利影响。

　　(2) 平面长度不宜过长，突出部分长度宜减小，凹角处宜采取加强措施。

　　(3) 质量与刚度平面分布基本均匀对称时，可按规则对建筑进行抗震分析。

(二) 偏心距

　　刚度中心指在近似法计算中各抗侧结构抗侧移刚度的中心。质心指地震力合力的合力作用点。偏心距指近似计算法中水平力作用线与刚度中心之间的距离 (亦即质心与刚心之间的距离)。

　　复杂的外形平面使楼盖在其自身平面内的刚度多处发生变化，建筑物的水平力合力中心与刚度中心偏离，容易使建筑物产生扭转，扭转增加了结构受力的复杂性，尤其在地震时，其影响更为严重。国内外震害表明，结构的扭转振动作用往往加重其破坏程度，有时甚至成为建筑物倒塌的主要因素。扭转作用的精确计算十分困难，因此工程设计中尽量从概念设计方面去解决，刚度中心和水平力作用线间距离 e 应限制在 $0.05L$ 内 (L——垂直于水平力方向建筑物的长度)。

二、立面形状

　　在建筑物的竖向可做成各种形状、上下相同或向上略微减小的体形比较有利。震区的建筑物，其竖向体型应力求规则、均匀和连续，要尽可能避免刚度突变和结构不连续，避免有过大的外挑和内收。各抗侧力构件所负担的楼层质量沿高度方向无剧烈变化，由上而下，各抗侧力构件的抗推刚度和承载力逐渐加大，并与各构件所负担的水平剪力、弯矩和轴力成比例地增大。避免错层和局部夹层，同一层的楼面应尽量设置在同一标高处，在建筑物的底部、中部或顶部，常由于建筑使用上的要求而布置大空间，这时既要尽量使竖向结构层间总刚度上下均匀，避免突变，又要加强上下层楼盖结构刚度，加强各抗侧力结构之间的联系，以保证水平剪力在各榀抗侧力结构之间的传递。对于阶梯形建筑和有塔楼的建筑，由于地震中高振型的影响，在阶梯形建筑上阶部分的根部和塔楼的根部将产生应力集中并造成开裂破坏，因而应注意上下两段交接处的连接构造，尽可能使刚度逐渐减小，不要突变。符合以下两个条件的高层建筑可按竖向规则的结构进行抗震设计：

（1）立面收进部分尺寸的比值：上部尺寸／下部尺寸 ≥ 0.75。

（2）沿竖向、结构的侧向刚度变化比较均匀，构件截面由下至上逐渐减小，不突变。当某些楼层的刚度小于上层时，不宜小于相邻上部楼层刚度的70%，连续三层刚度逐层降低后，不小于降低前刚度的50%。

结构楼层层间抗侧力结构的承载力（指所考虑的水平地震作用方向上，该层全部柱及剪力墙的屈服抗剪强度之和）不宜小于上一层的80%，不应小于上一层的65%，顶层取消部分墙、柱形成空旷房间，底部采用部分框支剪力墙或中部楼层部分剪力墙被取消后，由于竖向刚度变化，应进行计算并采取有效构造措施，防止由于刚度和承载力变化而产生不利影响，高层结构宜设置地下室。设置地下室有如下结构功能：

① 利用土体的侧压力防止水平力作用下结构的滑移、倾覆。

② 减小土的重量，降低地基的附加压力，增加建筑物层数。

③ 提高地基土的承载能力。

④ 减少地震作用对上部结构的影响，提高抗震能力。

三、总高度

一般而言，建筑物越高，它所受到的地震作用和倾覆力矩越大，遭受破坏的可能性也越大。国内外震害调查表明，地震区钢筋混凝土建筑物的总高度是确定结构选型的重要因素之一，这类建筑物的高度限值与地震烈度场地条件和结构体系类型有关。烈度越高，场地类别越大，地震作用效应越大。

第二节　结构总体布置

一、总原则

建筑是供人们生产、生活和进行其他活动的房屋或场所。建筑是建筑物和构筑物的统称。建筑物是指人们进行社会生活和生产的环境，如住宅、厂房；构筑物是指一般不直接进入其间进行生活和生产的空间，如烟囱、水塔等。各类建筑都离不开梁、板、墙、柱、基础等构件，它们相互连接形成建筑的骨架。建筑中由若干构件连接而成的能承受作用的平面或空间体系称为建筑结构，在不致混淆时可简称为"结构"。这里所说的"作用"是指能使结构或构件产生效应（内力、变形、裂缝等）的各种原因的总称。作用可分为直接作用和间接作用。直接作用即习惯上所说的荷载，是指施加在结构上的集中力或分布力系，如结构自重、家具及人群荷载、风荷载等；间接作用是指引起结构外加变形或约束变形的原因，如地震、基础沉降、温度变化等。

　　建筑结构由水平构件、竖向构件和基础组成，水平构件包括梁、板等，用以承受竖向荷载；竖向构件包括柱、墙等，其作用是支承水平构件或承受水平荷载；基础的作用是将建筑物承受的荷载传至地基。高层建筑结构的总体布置系指其对高度、平面、立面和体型等的选择。高层结构总体布置原则为：必须同时满足建筑、施工和结构3个方面的要求。

　　建筑方面应考虑建筑使用功能，包括服务设施所提出的要求，对确定开间、进深、层高、层数、平面关系和体型等，都有着直接的关系。满足使用要求，不但要方便，还要合理经济，包括服务设施的使用效率要高，投资和维持费用要低。此外，尚应考虑美学要求。

　　施工方面要尽量采用先进施工技术，提高工业化程度，且应便于施工，以达到经济合理的目的。

　　结构方面应满足强度、刚度、稳定性和耗能能力要求。在高层的设计中，首要的是选择适当的结构体系，结构体系确定后，结构总体布置应结合建筑类型和合理的传力路线。结构体系受力性能与技术经济指标能否达到先进、合理，与结构布置密切相关。理论和实践均证明，一个工程设计要达到安全适用、技术先进、经济合理、保证质量的要求，往往不能仅靠力学分析来解决，一些复杂的部位常常无法进行精确计算，特别是地震区的建筑物。地震动是一种随机振动，影响因素众多，故其计算分析难以准确，有鉴于此，概念设计至关重要，结构总体布置就是概念设计中的主要部分。

　　建筑物的动力性能与建筑布局和结构布置相关，只要建筑布置简单合理，结构布置符合抗震设计原则，从设计一开始就把握好地震能量输入、房屋体型、结构体系、刚度分布、延性等几个主要方面，从根本上消除建筑结构中抗震薄弱环节，并配合必要的抗震计算和构造措施，就可从根本上保证建筑物具有良好的抗震性能；反之，建筑布局奇特、复杂，结构布置存在薄弱环节，即使进行精细的地震反应分析，在构造上采用补强措施，也不一定能达到减轻震害的预期目的，甚至影响安全。因此，建筑结构的总体布置是从根本上改善结构整体的地震反应和提高抗震能力的重要措施，是抗震概念设计的重要一环，设计者应予以充分重视。

二、结构总体布置考虑内容

(一) 高度

建筑物的高度是设计中的一个敏感指标，高度越高，建筑物所受地震作用和倾覆力矩越大，遭受破坏的可能性越大。国内外震害经验表明，地震区钢筋混凝土（RC）建筑物的总高度是确定结构造型的重要因素之一。

(二) 高宽比 (H/B)

高宽比（H/B）是高层建筑设计中的一个重要控制指标，不论是否在地震区，建筑物均应考虑高宽比。控制高宽比的原因如下：

（1）为使结构有足够刚度，据材料力学中对悬臂梁的分析，悬臂梁的挠度与梁截面高度的三次方成反比，高层建筑可视为固定于基础上的悬臂梁，由此可知，增加建筑物平面宽度时对减小其侧移很有利，高层建筑控制侧移就是为了保证结构有足够的刚度。在方案设计阶段，对建筑物的刚度可以从限制高宽比得到宏观控制，防止因过于细柔而产生过大的侧移（水平位移）。如果高宽比过大而又要满足侧移限值，则势必要加大墙、柱等构件的截面面积，靠构件本身的刚度增大来满足建筑物刚度要求，这样处理是不经济的，不仅增加了材料消耗，还加大了自重，相应地亦使地震力增加。

（2）高层建筑结构的稳定应符合下列规定：

工程经验和大量的计算表明，高宽比小于5的高层建筑结构，其整体稳定性足够，不必验算，故而设计中仅要求对高宽比大于5的建筑物按式(1-1)验算整体稳定性。至于高层建筑的抗倾覆验算，应符合下式要求：

$$M_s/M_o \geqslant 1.0 \tag{1-1}$$

式中：M_s——稳定力矩；

M_o——覆力矩；

另需注意：计算稳定力矩 M_s 时，恒载取 90%，楼面活载取 50%。设计经验表明，当高宽比小于 5 时，一般都能满足式（1-1）要求。当设防烈度为 9 度，结构的高宽比接近 5 时，则可能不满足式（1-1）要求。

（三）平面要简单、对称、规则、均匀

地震区高层建筑的几何平面以具有对称轴的简单图形有利于抗震，其中以正方形、矩形、圆形最好，正六角形、正八角形、椭圆形、扇形也有利。其原因在于非对称的几何平面建筑往往会引起质心和刚心的偏心，产生扭转振动，从而加剧结构分析结果的误差，但需指出的是，即使是对称建筑也可能产生扭转，只不过扭矩较小而已。鉴于城市规划、建筑艺术和使用功能等需要，对平面形状的要求常常不全是非常简单的，故而又提出了规则的要求：平面长度不宜过长，突出部分长度宜减小，凹角处宜采取加强措施。

（四）立面变化要均匀、规则

震区高层建筑的立面宜采用沿主轴对称的矩形、梯形、金字塔形等均匀变化的几何形状，尽量避免立面突然变化，因为立面形状的突然变化必然会带来质量和抗侧刚度的剧烈变化。地震时，几何形状突变部位会发生强烈振动或塑性变形集中效应，从而加重破坏。

为考虑建筑美学要求和使用功能，建筑立面除要求简单、对称之外，又提出"规则"的概念。规则在高度方向的要求是：

（1）突出屋顶小建筑的尺寸不宜过大，局部缩进的尺寸也不宜大，一般可缩进原宽的 1/6 ~ 1/4。

（2）抗侧力构件上、下层连续，不发生错位，且横截面面积改变不大。

（3）相邻层的质量变化不大，一般相邻层的质量比要大于 3/5 ~ 1/2。

（4）结构的侧向刚度宜下大上小，逐渐均匀变化。当某楼层侧向刚度小于上层时，不宜小于相邻上部楼层的 70%。

（5）结构楼层层间抗侧力结构的承载力（指在所考虑的水平地震作用方

向上，该层全部柱及剪力墙的屈服抗剪强度之和）不宜小于上一层的80%，不应小于上一层的65%。

(五) 缝的设置

以往在总体布置中要考虑沉降、混凝土收缩、温度改变和结构体型复杂所产生的不利影响，一般用沉降缝、伸缩缝和抗震缝将建筑物划分成若干独立部分，从而消除沉降差温度和收缩应力以及体型复杂对结构的危害。但设缝之后相应带来的各种问题不好处理，如设缝后影响使用和立面效果，防水处理困难，地震时易在设缝处互相碰撞而造成震害。有鉴于此，目前对缝的处理采用以下新原则：力争不设；尽量少设；非设不可时，数缝结合设置；如要设缝，则应分得彻底，禁忌"似分不分"；如不设缝，则要连接牢固。

实践表明，一般高层建筑采取技术措施后，在7、8度区不设防震缝可避免局部破坏。日本的做法是，当建筑物超过10层时，任何情况下均不设缝，基础也做成整体。温度收缩应力的理论计算比较困难。近年来，国内外大多采取不设伸缩缝，而以施工或构造处理的措施来解决收缩应力的问题，建筑物长度可达100m左右，取得了较好的效果，采用以下构造措施和施工措施可减小温度和收缩影响：

（1）在顶层、底层、山墙和内纵墙端开间等温度变化影响较大的部位提高配筋率；

（2）顶层加强保温隔热措施，外墙设置外保温层；

（3）顶部楼层改用刚度较小的结构形式或顶部设局部温度缝，将结构划分为长度较短的区段；

（4）每30～40m间距留出施工后浇带，带宽为800～1000mm，钢筋可采用搭接接头，后浇带混凝土在一个月后浇筑；

（5）在混凝土中加入适当的外加剂，减少混凝土的收缩；

（6）提高每层楼板的构造配筋率。

建筑体型中影响抗震性能的首要因素是平面，建筑平面应符合以下要求：

① 规则性：建筑平面设计要符合规则性的要求。

② 对称性：由于地震可能来自任一方向，故建筑平面宜多轴对称，无轴对称不利于抗震。

③ 均匀性：抗震所要求的结构均匀性即指主要抗侧力结构要布置均匀，质心和刚心重合，以减小扭矩影响。具体设计中应避免虚假对称，所谓虚假对称指建筑平面对称但结构刚度有偏心，即平面对称和刚度均匀相比较后者更为重要。

④ 密实性：所谓密实性指结构的平面密度，平面密度越大，则其抗震性能越好。在 RC 结构体系中，剪力墙结构、框-剪结构、筒体结构的结构密度较大，故震害较轻，而框架结构由于结构平面密度小，故震害重。

当柱子与剪力墙面积相同时，抗剪强度是相同的，但剪力墙的刚度大，地震时侧向变形小，故震害轻，而柱子则不同，即使结构面积与剪力墙相同，但因刚度小、变形大，故震害较重。

⑤ 刚度：在建筑体型中，刚度是影响抗震的主要因素，不论在竖向或水平方向，任一主轴方向均应有足够的刚度，这样才能保证在地震时结构不致产生过大的变形，从而减轻震害。

三、竖向布置要求

在建筑体型中，平面布置和竖向布置是两个重要方面。对于地震区的高层建筑，竖向体型应符合以下原则：竖向体型应力求规则均匀、连续；结构的侧向刚度宜下大上小，逐渐均匀变化；避免有过大的外挑和内收。

高层建筑都在向多功能发展，多种功能集中在同一幢大楼中，提高了大楼的经济效益和社会效益。但由于各楼层功能不同，故各楼层结构布置亦不同，从而导致结构在竖向不规则，对此，在抗震计算时，应采用进一步的计算分析，以保证薄弱层的安全。高层建筑沿高度方向符合下列情况之一时，即属竖向不规则结构：

（1）相邻楼层质量比值大于 1.5。

（2）下一楼层的侧向刚度小于上一楼层的 70%。

（3）楼层连续三层刚度均小于上层的 80%。

（4）楼层层间抗侧力结构的承载力（指在所考虑的水平地震作用方向上，该层全部柱及剪力墙的屈服抗剪强度之和）不宜小于上一层的 80%，不应小于上一层的 65%。

（5）顶层取消部分墙、柱形成空旷房间，底部采用部分框支剪力墙或中部楼层部分剪力墙被取消。

具体设计时，尚应注意以下问题：

① 屋顶建筑物的尺寸不宜过大，局部缩进的尺寸亦不宜过大，一般可缩进原宽的 1/6 ~ 1/4。

② 外挑长度不大于 2m。

③ 剪力墙厚度每次减薄 50 ~ 100mm，柱截面边长每次减少 100mm。

④ 混凝土强度等级的改变与构件截面改变，不宜在同一楼层同时出现。

⑤ 立面收进部分的尺寸不大于该方向总尺寸的 25%。

⑥ 对于底层大空间结构，应对柔弱底层的主要问题（即主体结构竖向不连续，强度和刚度突变，强震时应力集中，抗震强度和刚度严重不足）采取措施，常用的有效办法是加强柔层，尽量避免主体结构上下层之间强度和刚度变异，使其接近或相同。

⑦ 顶层空旷时，主要考虑地震时高振型的影响，应进行高振型的核算，核算所得地震作用应适当放大，如核算后的强度和刚度符合抗震规范要求，则可在构造上采取适当加强措施。

第三节　结构方案

一、总原则

结构方案是结构设计的关键，只有正确选择结构方案，才能在设计中贯彻执行国家的技术经济政策，做到安全适用、技术先进，经济合理，保证质量。工程设计中结构方案的选择主要指结构类型、结构体系和施工方法的选择。高层建筑的结构类型可分为 RC 结构、钢结构和混凝土 – 钢混合结构 3 种（至于砖石结构，震区只适用多层砖房，震区的高层采用砖石结构是危险的，不应采用）。设计中根据建筑高度、层数，抗震要求，施工，造价和材料用量等条件，综合考虑并选用适当的结构类型。RC 结构的优点是：强度高，造价低，用钢量少，抗震性能较好，耐久性好，耐火性能好，可模性好。其缺点是：自重大，抗裂性差，施工周期长，费工费模板。钢结构的优点是：强度高，材质均匀，可焊性好，自重轻，延性好，抗震性能好，施工速度快。其缺点是：造价高，不耐火，抗腐蚀性差，具有冷脆性。混凝土 - 钢混合结构的优点是：可充分发挥两种材料的优势，互相取长补短，从而达到降低用钢量和降低造价的经济效果。其缺点是：计算和施工较复杂，技术水平有待提高。

在实际工程中，钢筋混凝土结构由于抗震性能较好，在多层和高层建筑中广泛应用，但应选择抗震性能好的剪力墙结构、框 - 剪结构和筒体结构等，以满足高层建筑的要求。钢结构抗震性能好，适用高度范围大。作为一个结构方案，如果没有合理的施工方法予以保证，是不能实现的。施工方法的优劣对建筑物的建造速度、质量、造价都有很大影响。作为一个合理的结构方案，其技术经济效果应当是好的或比较好的，因为它是结构方案的综合评价。在选择结构方案时，只有进行方案比较才有可能作出正确的选择。

二、选择有利地段，保证地基的稳定性

历次震害调查表明，在不同工程地质条件的场地上，建筑物在地震中的破坏程度是明显不同的，因此，选择对抗震有利的场地，避开不利场地，就能大大减轻地震灾害。根据地质构造、地基土性质、地形、地貌等，划分出有利地段、不利地段和危险地段，见表 1-1。

表 1-1　各类地段的划分

地段类别	地质、地形、地貌
有利地段	坚硬土或开阔平坦密实均匀的中硬土等
不利地段	较弱土，液化土，条状突出的山嘴，高耸孤立的山丘，非岩质的陡坡，河岸和边坡边缘，平面分布上的成因、岩性状态明显不均匀的土层（如故河道、断层破碎带、暗埋的塘浜沟谷及半填半挖地基）等
危险地段	地震时可能发生滑坡、崩塌、地陷、地裂、泥石流等及发震断裂带上可能发生地表位错的部位

上述各种地段的范围划定主要基于震害调查结果。在工程设计中，当无法避开不利地段时，应采取适当的抗震措施，不应在危险地段建造甲、乙、丙类建筑。

三、减小地震能量输入

(一) 避开地震动卓越周期

地震动卓越周期即地震动主导周期，亦即反应谱主峰位置对应的周期。地震动卓越周期是地震震源特性、传播介质和该地区场地条件的综合产物。场地不存在固定的卓越周期 (随震源机制、震级大小、震中距、土层性质不同而变化)，然而某一工程场址的地震动卓越周期却因与该场址的场地条件特别是场地土性质存在着某种相关性，是可以大致估计的。利用场地周期来估计地震动卓越周期误差不是很大。在工程实践中，场地周期除采用公式计算外，也常采用场地的长时微振来确定场地卓越周期。微振指的是幅度范围为 $10^{-6} \sim 10^{-7}$m，频率范围为 0.5 ~ 20Hz 的一种连续运动。它主要由人工振源 (如交通工具、机器等) 及无控制的自然振源 (如风、波浪等) 产生。日本人金井清分析了地震与微动的关系，认为场地固有周期可用常时微动法给出。日本人片山恒雄提供了由微振推测设计地震的方法，并在日本加以利用，由于微动观测比较简单，且花费少，是一种可以考虑的方法，但需指出，由于土在地震时的应力 – 应变关系为非线性，而微振是在完全弹性状态下获得的，因此，据微震去推测强震时的地面运动特性在前提条件上是不恰当的。

结构周期与地震动卓越周期相接近，是引起建筑物共振破坏的主要因素和直接原因，因而在进行高层建筑设计时，首先要估计地震引起该建筑所在场地的地震动卓越周期，然后在进行建筑方案设计时，通过改变房屋层数和结构类型，尽可能加大建筑物基本周期与地震动卓越周期的差距。经验证明，高楼结构基本周期的长短与其层数 (或高度) 成正比，并与所采用的结构类别和结构体系密切相关，就结构类别而论，钢结构的周期最长，RC 结构次之，砌体结构最短。以结构体系而论，框架结构的周期最长，框 – 剪结构、框架 – 筒体结构周期较短，筒中筒结构周期更短，而剪力墙结构的周期最短。一般情况下，采用剪力墙结构体系的高层建筑，其基本周期大约比采用框架结构体系的建筑物缩小40%。

震害调查表明，震害有三个特点：选择性、累积性、重复性。其中选择性指，在同一场地上，地震波"有选择"地破坏某一类建筑物，而"放过"

其他类型建筑物，其原因在于，前一类型建筑物周期与地震动卓越周期合拍，引起共振所致。

(二) 提高结构阻尼

所有地震反应谱曲线均存在这样一个规律，结构阻尼可以削减结构地震反应峰值，提高结构的阻尼比，可以明显削减结构的地震剪力。结构阻尼随所用材料结构类型、基土地质和振动性质而变化，工程设计中，可结合其他条件选用阻尼比大的结构体系。

(三) 提高结构的延性

建筑物抗震能力的优劣主要视其耗能能力大小。建筑物的抗震能力由承载力和变形能力共同决定，其中，变形能力比承载力更为重要，提高结构的延性可以减小结构所受的地震作用。

四、合理选择结构体系

在工程设计的初期，需选择结构体系。正确选择结构体系是结构方案设计的关键，是保证建筑物安全、经济的基本要素，建筑物的总高度、层数、建筑空间、承载能力、抗侧刚度、抗震性能、材料用量、造价高低均与结构体系密切相关。选择高层建筑的结构体系时，虽然影响因素众多，但通常主要考虑3个因素：建筑物高度、建筑物用途及建筑物的抗震性能。

五、建筑结构的类型

建筑结构有多种分类方法。按照承重结构所用的材料不同，建筑结构可分为混凝土结构、砌体结构、钢结构、木结构和混合结构五种类型。

(一) 混凝土结构

混凝土结构是钢筋混凝土结构、预应力混凝土结构和素混凝土结构的总称。素混凝土结构是指由无筋或不配置受力钢筋的混凝土制成的结构，在建筑工程中一般只用作基础垫层或室外地坪。

钢筋混凝土结构是指由配置受力的普通钢筋、钢筋网或钢筋骨架的混凝土制成的结构。在混凝土内配置受力钢筋能明显提高结构或构件的承载能力和变形性能。由于混凝土的抗拉强度和抗拉极限应变很小，钢筋混凝土结构在正常使用荷载下一般是带裂缝工作的。这是钢筋混凝土结构最主要的缺点。为了克服这一缺点，可在结构承受荷载之前，在使用荷载作用下可能开裂的部位，预先人为地施加压应力，以抵消或减少外荷载产生的拉应力，从而达到使构件在正常的使用荷载下不开裂，或者延迟开裂、减小裂缝宽度的目的，这种结构称为预应力混凝土结构。

钢筋混凝土结构是混凝土结构中应用最多的一种，也是应用最广泛的建筑结构形式之一。它不但被广泛应用于多层与高层住宅、宾馆、写字楼以及单层与多层工业厂房等工业与民用建筑中，而且水塔、烟囱、核反应堆等特种结构也多采用钢筋混凝土结构。钢筋混凝土结构之所以应用如此广泛，主要是因为它具有以下优点：

（1）就地取材。钢筋混凝土的主要材料是砂、石，水泥和钢筋所占比例较小。砂和石一般都可由建筑工地附近提供，水泥和钢材的产地在我国分布也较广。

（2）耐久性好。钢筋混凝土结构中，钢筋被混凝土紧紧包裹而不致锈蚀，即使在侵蚀性介质条件下，也可采用特殊工艺制成耐腐蚀的混凝土，从而保证了结构的耐久性。

（3）整体性好。钢筋混凝土结构特别是现浇结构有较好的整体性，这对于地震区的建筑物有重要意义，另外对抵抗暴风及爆炸和冲击荷载也有较强的能力。

（4）可模性好。新拌和的混凝土是可塑的，可根据工程需要制成各种形状的构件，这给合理选择结构形式及构件断面提供了方便。

（5）耐火性好。混凝土是不良传热体，钢筋又有足够的保护层，火灾发生时钢筋不致很快达到软化温度而造成结构瞬间破坏。

钢筋混凝土也有一些缺点，主要是自重大、抗裂性能差、现浇结构模板用量大、工期长等。但随着科学技术的不断发展，这些缺点可以逐渐被克服。例如，采用轻质、高强的混凝土可克服自重大的缺点，采用预应力混凝土可克服容易开裂的缺点，掺入纤维做成纤维混凝土可克服混凝土的脆性，采用预制构件可减小模板用量、缩短工期。应当注意的是，钢筋和混凝土是两种物理力学性质不同的材料，在钢筋混凝土结构中之所以能够共同工作，是因为：

① 钢筋表面与混凝土之间存在黏结作用。这种黏结作用由三部分组成：一是混凝土结硬时体积收缩，将钢筋紧紧握住而产生的摩擦力；二是由于钢筋表面凹凸不平而产生的机械咬合力；三是混凝土与钢筋接触表面间的胶结。

② 钢筋和混凝土的温度线膨胀系数几乎相同（钢筋为 1.2×10^{-5}，混凝土为 $1.0 \times 10^{-5} \sim 1.5 \times 10^{-5}$），在温度变化时，两者的变形基本相等，不致破坏钢筋混凝土结构的整体性。

③ 钢筋被混凝土包裹着，从而不会因大气的侵蚀而生锈变质。

上述三个原因中，钢筋表面与混凝土之间存在黏结作用是最主要的原因。因此，钢筋混凝土构件配筋的基本要求就是要保证两者共同受力，共同变形。

(二) 砌体结构

由块体（砖、石材、砌块）和砂浆砌筑而成的墙、柱作为建筑物主要受力构件的结构称为砌体结构，它是砖砌体结构、石砌体结构和砌块砌体结构的统称。砌体结构主要有以下优点：

（1）取材方便，造价低廉。砌体结构所需要的原材料（如黏土、砂、天然石材）等几乎到处都有，因而比钢筋混凝土结构更为经济，并能节约水泥、钢材和木材。砌块砌体还可节约土地，使建筑向绿色建筑、环保建筑的方向发展。

（2）具有良好的耐火性及耐久性。一般情况下，砌体能耐受 400℃ 的高温。砌体耐腐蚀性能良好，完全能满足预期的耐久年限要求。

（3）具有良好的保温、隔热、隔声性能，节能效果好。

（4）施工简单，技术容易掌握和普及，也不需要特殊的设备。

砌体结构的主要缺点是自重大、强度低、整体性差、砌筑劳动强度大。砌体结构在多层建筑中应用非常广泛，特别是在多层民用建筑中，砌体结构应用占绝大多数，目前最大建筑高度已达 10 余层。

(三) 钢结构

钢结构是指以钢材为主制作的结构。

钢结构具有以下优点：

(1) 材料强度高，自重轻，塑性和韧性好，材质均匀；

(2) 便于工厂生产和机械化施工，便于拆卸，施工工期短；

(3) 具有优越的抗震性能；

(4) 无污染、可再生、节能、安全，符合建筑可持续发展的原则。

可以说钢结构的发展是 21 世纪建筑文明的体现。

钢结构的缺点：易腐蚀，需经常使用油漆维护，故维护费用较高。钢结构的耐火性差。当温度达到 250℃时，钢结构的材质将会发生较大变化；当温度达到 500℃时，结构会瞬间崩溃，完全丧失承载能力。钢结构的应用正日益增多，尤其是在高层建筑及大跨度结构 (如屋架、网架、悬索等结构) 中。

(四) 木结构

木结构是指全部或大部分用木材制作的结构，这种结构易于就地取材，制作简单，但易燃、易腐蚀、变形大，并且木材使用受到国家严格限制，因此已很少采用。

(五) 混合结构

由两种及两种以上材料作为主要承重结构的房屋称为混合结构。混合结构包含的内容较多。多层混合结构一般以砌体结构为竖向承重构件 (如墙、柱等)，而水平承重构件 (如梁、板等) 多采用钢筋混凝土结构，有时采用钢木结构。其中以砖砌体为竖向承重构件、钢筋混凝土结构为水平承重构件的结构体系称为砖混结构。高层混合结构一般是钢 – 混凝土混合结构，即由钢框架或型钢混凝土框架与钢筋混凝土筒体所组成的共同承受竖向和水平作用的结构。

钢 – 混凝土混合结构是近年来在我国迅速发展的一种结构体系。它不仅具有钢结构建筑自重轻、截面尺寸小、施工进度快、抗震性能好的特点，还兼有钢筋混凝土结构刚度大、防火性能好、成本低的优点，因而被认为是一种符合我国国情的较好的高层建筑结构形式。

第四节　设计要点

一、侧移是控制指标

高层建筑由于高度较大，故水平荷载是主要控制因素。从结构内力观察，竖向荷载主要使柱产生轴力，与建筑物高度大体呈线性关系，而水平荷载则使柱产生弯矩，当为均布荷载时，弯矩与建筑物高度呈二次方变化。从受力特性观察，竖向荷载方向不变，建筑物高度增加只引起量的增加，但水平荷载则可来自任一方向，反向荷载会使内力改变方向。从侧移的观点看，竖向荷载引起的侧移很小，甚至不产生侧移（例如结构对称、荷载对称时，不产生侧移），但水平荷载当为均布荷载时，侧移与建筑物高度呈四次方变化，可见，侧移是高层建筑的要害问题，其重要性重于强度，在结构设计中必须对侧移进行控制，将水平荷载下结构所产生的侧移限制在规定的范围内。之所以要控制侧移，其因如下：

（1）侧移过大会使建筑物内的人在心理上产生不适应感，即建筑物未能提供保证正常使用的条件，这主要指在风荷载作用下，使用者必须在建筑物内正常工作和生活，故必须限制侧移。至于多年不遇的地震，在地震时人的舒适感则退居次要地位。

（2）侧移过大会使填充墙、建筑装修和电梯轨道等服务设施产生裂缝、变形，甚至损坏。在风荷载下，正确的设计不允许填充墙和建筑装修出现裂缝，亦不允许电梯脱轨等不正常状态。在地震作用下，要求虽可适当放宽，但由于非结构构件的损坏和倒塌（例如填充墙的倒塌）同样会威胁生命、财产安全，或者使修复费用很高，因此对地震作用产生的侧向变形也应予以限制。

（3）侧移过大会导致结构开裂或损坏，进而危及结构的正常使用和耐久性，故限制侧移往往就是限制结构裂缝的宽度。

（4）地震时建筑物的破坏程度主要取决于结构侧移的大小，这一点已为大量震害统计与理论研究所证明。当结构在地震作用下处于弹性阶段工作时，结构的内力与变形均与地震作用的强烈程度成正比，地震的作用过程结束，结构将恢复原状，其地震内力与变形消失。在地震作用下，结构处于弹性阶段工作时，结构各楼层产生的地震作用为弹性地震作用，亦即小震时的地震作用。但当结构由弹性阶段开始进入弹塑性阶段时，即处于设防烈度下时，结构由于屈服，故并不存在强度储备，可靠指标 $\beta<0$，同时由于屈服部位的受力不可能再增长，将引起地震作用和内力的重分布，结构的地震作用不再和地震强烈程度成正比，这是结构弹塑性地震作用的基本特征。规范中规定的计算地震作用的公式都是以弹性理论为依据，即假定结构处于弹性阶段工作时推导得到的，故按规范给出的对应于基本烈度或大震烈度的地震作用公式均是按弹性方法计算出的弹性地震作用，它并不意味着结构在基本烈度或大震烈度地震作用下还处于弹性阶段工作，而仅仅是一种计算手段。这种计算手段假设结构不屈服，不进入塑性而按弹性方法计算出的弹性地震作用，它在客观上并不存在，因而是一种假想的弹性地震作用，是由于抗震计算中的需要而采用的一种计算手段。在设防烈度及大震烈度下，由于结构并不存在强度储备，主要靠弹塑性变形来吸收和耗散地震波能量，以达到抗御强震的目的，如果结构的变形能力不足以抵御地震输入能量对结构变形的要求，结构就会发生倒塌。

抗震设计存在4种破坏准则：强度破坏准则、变形破坏准则、能量准则、双重破坏准则。其中后面3种均是建立在变形上的，在小震下，抗震设计的控制条件为强度及部分结构的弹性变形；在中震下，将设防烈度下的弹塑性变形计算转换为小震下的承载力计算；在大震下，只以塑性变形作为临界状态。

二、主要内力由水平力引起

从受力特性看，竖向荷载方向不变，一般沿建筑物竖向均匀分布，由于竖向荷载主要使体系的柱或墙产生轴力，随着建筑物高度的增加，仅引起量的增加，竖向荷载在结构中引起的内力随高度基本上呈线性关系。此外，任何材料都是以简单拉、压最能充分利用其强度，竖向荷载要求结构具有足够的抗压强度，对目前的建筑材料而言，这一点很容易满足，仅这方面，墙、柱只需很小的截面尺寸即可。同时，从侧移的观点看，竖向荷载引起的侧移很小，甚或不产生侧移。据以上可知，在非震区，当建筑物高度较低时，竖向荷载在结构设计中起控制作用。对水平荷载而言，它对结构的影响很大，从受力特点看，水平荷载本身沿竖向分布大多是不均匀的，越往上荷载越大（例如风荷载与地震作用均如此），加之水平荷载的前述特点，要求结构具有足够的抗弯、抗剪强度，故建筑物越高，弯剪内力越大，材料强度就越得不到充分发展，故水平荷载产生的内力比竖向荷载下的内力增加得更快，水平荷载所产生的内力比竖向荷载产生的内力更为不利，故主要内力由水平力产生。

三、轴向变形应予重视

在结构分析时，一般只考虑弯曲变形的影响，而不计轴力项和剪切项的影响。但对于高层建筑，由于层数多，高宽比 H/B 较大，轴力值很大，再加之沿高度积累的轴向变形显著，轴向变形对建筑物的内力值和分布会产生显著的改变，如不考虑轴向变形影响，则会产生较大的误差。而对于宽"梁"、宽"柱"组成的壁式框架和剪力墙，如不考虑剪切变形，亦会带来一定误差。在各层均相等的楼面均布荷载作用下，不考虑柱的轴向变形时，各层梁的弯矩分布基本相同，梁端有较大负弯矩，实际上，由于中柱轴力比边柱大1倍，中柱轴向压缩变形也大于边柱。故而，中柱与边柱的轴向压缩变形将产生差异，随着建筑物层数的增多，其变形差异将会达到较大数值，其最终效果相当于框架梁在中间支座发生沉降，使梁的内力发生变化。

框架梁中间支座处的上方梁端负弯矩自下而上逐层减少，跨中正弯矩与端支座负弯矩增大，到上部楼层还可能出现正弯矩，大大改变了框架梁的弯矩分布。在低层建筑中，这种效应较小，但在高层建筑中此效应显著，因此高层结构不考虑墙、柱轴向变形，则会使计算结果产生显著偏差。某17层框－剪结构，在水平力下，对于同一个矩阵位移法程序，分别按考虑与不考虑轴向变形计算其剪力与位移。结果表明，如不考虑轴向变形，各抗侧力构件的水平剪力产生较大偏差，误差在30%以上，上部楼层甚至产生反向剪力。

高层建筑在进行结构分析时，如采用简化手算方法，除考虑各杆的弯曲变形外，对于高宽比大于4的结构，应考虑柱和墙的轴向变形影响，剪力墙应考虑剪切变形。高层建筑结构分析采用计算机计算时，如采用平面抗侧力结构空间协同工作分析方法，对梁则应考虑弯曲与剪切变形，对柱及墙则应考虑弯曲、剪切和轴向变形。采用杆系三维空间分析时，除应考虑上述变形外，梁、柱、墙均应考虑扭转变形，墙肢尚应考虑截面翘曲。考虑的因素越多，计算结果精度越高。

结构分析中，在考虑轴向变形的影响时，需注意结构所受的竖向荷载，并非是在结构完成后一次施加的。在施工过程中，占竖向荷载绝大部分的结构自重是逐层施加的，轴向压缩变形已在施工过程中分阶段完成，因此在考虑轴向变形影响时，要考虑施工过程中是分层施加竖向荷载这一实际情况，不能简单按一次加载考虑，以免造成计算结果的不合理。

四、延性－重要指标

建筑物在地震力作用下的抗震性能主要取决于结构的吸能能力，它等于结构承载力和变形能力的乘积。一个结构，即使承载力较低，但延性很大，固然损坏出现较早，但因延性好，可经受住较大的变形，从而避免倒塌；反之，仅有较高强度而塑性变形能力差的结构，则易发生破坏，甚至倒塌。至于仅有较高强度，但无塑性变形能力的脆性结构，当遭遇到高于设计水平的地震时，极易因脆性破坏而突然倒塌。结构在强烈地震作用下进入塑性阶段时的地震作用称为弹塑性地震作用，弹塑性地震作用不再随地震动的强烈程度上升，仅结构的变形继续发展，结构利用塑性变形消耗地震波能量，以保证安全。故提高延性可削弱地震反应，提高结构抗震能力。

（1）结构延性取决于以下方面：构件截面的延性、符合四强四弱原则。

（2）截面的延性取决于以下因素：钢筋种类、纵筋配筋率、混凝土的极限压缩变形。

（3）四强四弱设计原则：① 强柱弱梁——控制塑性铰的位置：塑性铰的出现位置和顺序直接关系到框架的破坏形式，柱铰机制即塑性铰先在柱端出现，由于柱铰机构延性较差，吸收的地震波能力小，柱的稳定性和对竖向荷载的承载力能力降低较多，容易形成机构，不利于抗震，应予避免。梁铰机制即控制塑性铰在梁上先出、多出，尽可能推迟柱中塑性铰出现，这样不易形成破坏机构，只要柱脚处不出现铰，结构则不会形成机构。柱铰机制延性差，梁铰机制延性好，抗震设计中应防止柱铰机制，而安排出现梁铰机制。

② 强剪弱弯——控制构件的破坏形态：设计梁、柱时，应注意其抗剪能力与抗弯能力的相对大小。由于剪切破坏属脆性破坏，延性差，应避免之。而弯曲破坏属延性破坏，吸收地震能量多，设计中允许构件中发生延性较好的弯曲破坏，即控制抗剪强度大于抗弯强度。

③ 强节弱杆——保证节点区的承载力：节点是框架结构中的要害部位，节点将梁和柱连接起来，组成非机动构架。只有保证节点区不发生脆性的剪切破坏，即在梁、柱塑性铰顺序出现前，节点区不能过早破坏，梁和柱承载能力和变形能力才能得以充分发挥。

④ 强压弱拉——使构件产生延性破坏："强压弱拉"即适筋梁的破坏，其主要特征为，拉区钢筋先屈服，压区混凝土后压坏，在梁破坏前，其裂缝和挠度均有一个明显发展的过程，破坏预兆明显，且钢筋和混凝土的承载能力均可充分利用，故构件延性良好，构件截面设计时允许产生此种破坏。对于震区框架结构，为保证足够的延性，提高结构在地震时的承载力，应设计成延性结构，即应符合上述四强四弱原则。

五、尽量减小侧移

在高层建筑中，结构底部弯矩与建筑物总高度的平方成正比，而结构顶端侧移与建筑物总高度的四次方成正比，可见高层建筑设计时控制条件有两个，即强度与侧移，而两个控制条件中，侧移较强度更为重要。高层建筑限制侧移综合考虑以下因素：

（1）保证主体结构安全，防止开裂、破坏、失稳和倾覆。结构在风荷载下及小震作用下均应不开裂，在大震作用下，结构应不发生倒塌。

（2）防止填充墙装修等因位移过大而损坏。

（3）避免居住者感觉不良及电梯运行困难。

六、结构选型必须合理

结构选型是结构设计的重要环节，结构选型时需考虑建筑物高度、层数、功能抗震要求、设计、造价施工、材料等诸多条件，具体实施时：

第一阶段，首先应在 RC 结构和钢结构中进行选择，目前在中国，多数情况下选用 RC 结构。RC 结构抗震性能较好，倒塌的较少，破坏程度和破坏率较低。钢结构是较理想的结构，抗震性能好，但造价高，用钢量大，只适宜在少量特别重要的建筑中采用，如 30 层以上的建筑物。

第二阶段，是选择结构体系，设计人在选择时应综合考虑建筑功能、承重、抗风、抗震、技术经济、施工条件等诸多因素，根据各体系的优缺点，立足全局、权衡利弊、扬长避短、因地制宜地做出决策。需指出的是，结构选型时要害的两点是功能及抗震，自始至终应予以重视。

七、多道防线

结构多道防线的意图既要求结构具有良好的耗能能力，亦要求结构具有尽可能多的赘余度，结构如果缺少赘余度，则某些部位塑性铰的形成将使结构变成"机构"，以致出现失稳和倒塌。据结构力学可知，静不定次数越高，结构抗震性能越好，多道防线的目的则是在结构的适当部位设置一些屈服区，有意识地使这些相对而言并不太危险的部位首先形成塑性铰，或发生可修复的破坏，从而使主要承重构件得到保护，预先安排的屈服区即第一道防线。地震中，当第一道防线破坏时，可以消耗大量的地震波能量，此后，剩余的地震波能量由结构第二道防线承担，由于此时地震波所余能量有限，故可延长结构破坏过程，甚至使破坏范围仅局限于第一道防线范围，不再向第二道防线发展，从而显著提高结构抗震能力。特别是当结构基本周期与地震动卓越周期接近，发生共振时，多道防线的优越性更为明显，因为当第一道防线因共振遭受破坏后，以第二道防线为主体的建筑物自振周期将发生较大变化，建筑物的基本周期与地震动卓越周期相互错开，避免共振发生，从而减小震害，减少倒塌。

在常用结构体系中，框架结构只有一道防线，因此地震区的框架结构，其层数、高度均受到限制，震区的框架结构只能用于多层。具有多道防线的结构体系有剪力墙体系、框 – 剪体系、框 – 撑体系、框架 – 筒体体系、筒中筒体系。在框 – 剪体系中，剪力墙为第一道防线，框架为第二道防线。框架 – 筒体体系中，筒体为第一道防线，框架为第二道防线。筒中筒体系中，实腹筒为第一道防线，空腹筒为第二道防线。

八、结构整体性

震害调查表明，结构的整体性是建筑物抗震能力中的一个重要指标，建筑物在地震作用下，如果丧失结构的整体性，整个结构则会变成机构而倒塌。结构的整体性从以下方面保证：

（1）首先保证连接的整体性。结构由多种构件组合而成，只有各构件间的连接可靠，整个结构才具有足够的整体性，具体要求节点强度大于被连接件的强度，以便构件进入塑性阶段后节点仍处于弹性工作状态，从而保证结构作为一个可靠的整体去抵抗外荷。

（2）须保证结构的连续性。连续性是结构整体性是否合格的一个指标，在建筑物的水平方向和竖向均应保证结构的连续性，具体应注意以下几点：

① 采用现浇混凝土可提高连续性。

② 现浇混凝土的施工缝处应注意严格按施工规范留置，并注意采取加强措施。例如剪力墙底部的水平施工缝可按抗震措施配置一些斜向钢筋。再如采用装配式楼板的现浇剪力墙，为保证剪力墙在竖向的连续性，预制楼板端部可做成齿槽式，楼板只借助齿槽支承在剪力墙上，从而保证剪力墙钢筋不被大量切断，并避免因放置预制板而造成剪力墙存在水平通缝。

③ 提高结构竖向整体刚度。对于软弱地基，为抵抗地基不均匀沉陷，应采取地基处理措施。对于高层建筑，不论地基土情况如何，应尽可能设置地下室，以保证结构在竖向具有足够的整体刚度。

九、防灾设计注意问题

高层建筑的防灾设计主要包括 3 个方面的内容，即风荷载计算、地震作用计算及温度作用计算。此处只对需强调的内容予以说明。

（一）风荷载

在世界建筑史上，至今尚无一幢高层被风吹垮，但塔、桅、烟囱、悬桥等结构物在大风中遭到破坏的实例却不少。在风荷载作用下，建筑物外墙窗户的破坏、部分构件的损坏都时有发生。高层建筑中，首要的水平力是水平方向的地震力，次要的则是风荷载。风荷载同地震作用一样同属动力荷载，但在较多情况下，可将它们等效转化成静力或拟静力荷载计算。

对建筑物而言，顺风向风力分为稳态风（即风压变化的长周期部分，一般大于10min）和阵风脉动（即风压变化的短周期部分，一般只有数秒钟）。稳态风因风压周期远大于一般的结构自振周期，故稳态风对结构的作用相当于静力，只要知道平均风的数值，即可按结构力学静力计算方法计算构件内力。阵风脉动风压周期短，其强度随时间变化，对结构的作用是动态的，结构在阵风脉动作用下产生振动，简称结构风振。由于阵风脉动是一种随机荷载，需用概率统计方法进行分析，故分析阵风脉动对结构的动力作用不能采用一般确定性的结构动力分析方法，而应采用随机振动理论。

对建筑物而言，在横风方向，气流经过建筑物时产生旋涡，故而在横风向，随所处范围的不同，既有周期性振动，亦有随机性振动，因此对于脉动风（顺风向或横风向）应按随机理论计算。至于横风向的周期性风力，一般按确定性荷载对结构进行动力计算。此外，应注意风荷载与地震作用的以下区别：

（1）建筑物越高，风载越大，但地震力取决于多种因素，如烈度、动力特性、重量等。

（2）风载 – 双重作用（静力、动力）、地震作用 – 完全动力。

（3）地震力与重量关系密切，是主要因素；对风力而言，重量是次要的、间接的因素。

（4）风荷载作用时间长，最长达数十分钟、数小时以至数十小时，发生的机会多，而地震力一般只有几秒至20秒，最长达10多分钟。

（5）风载与周围地形、周围建筑物关系较大，地震力对周围条件的直接影响小。

在结构设计中，对单层厂房或多层建筑，一般仅考虑风的静力作用效应，但对高层建筑和高耸结构，则必须考虑风的动力作用效应。

（二）地震作用

抗震设计中，地震作用的确定是一个关键问题，而地震作用计算中的主要问题是结构自振周期的计算。目前计算周期的方法很多，如精确法、近似公式经验公式、实测等，具体计算时，应根据具体情况综合考虑，且应有所侧重，以期计算结果尽量逼近实际值。地震作用计算按《建筑抗震设计标准（2024年版）》（GB/T 50011-2010）进行，高层结构除应满足强度要求外，还应满足侧移要求，对于超过150m高度的高层，尚应满足舒适度要求。对于体型复杂、结构布置复杂或B级高度的高层建筑应采用至少两个不同力学模型的结构分析软件进行整体计算。

（三）温度作用

当建筑物高度超过100m时，应考虑温差的竖向效应。

建筑物的室内温差变化小，内柱长度变化亦小；外柱的温差变化大，故外柱的长度变化大。从而在内外柱之间产生相对竖向位移，这种相对竖向位移是逐层积累的，到顶层达到最大值。如果梁的刚度较小，则此位移差所受约束就较小，因而温度应力也较小，但此位移会使顶部楼层边跨隔断墙出现明显变形及裂缝；反之，如果梁的刚度很大，内外柱的变形差则会受到很强的抑制，冷缩的柱受到拉力，热胀的柱受到压力，梁则受到弯曲和剪切，在顶部几层，由于温度应力较大，边梁将出现裂缝。高层建筑是超静定结构，超静定结构受到温差影响时会在结构内产生内力及变形。建筑物在日照作用下，建筑物阳面各柱伸长，背阴面缩短，整幢建筑物呈现一根竖向悬臂梁在水平力下的弯曲形状。

归结起来，温差的竖向效应主要发生在两方面：

（1）在结构中产生温度应力（易导致构件损坏）。

（2）在构件间产生相对变形（易导致外墙、隔墙、装修损坏、顶部楼层损坏较大，建筑物愈高，影响愈重）。

引起高层建筑结构温度内力的原因有3种：室内外温差、日照温差、季节温差。通常，对于10层以下的建筑物，温差作用可忽略不计。对于10～30层的建筑物，只要在隔热构造及配筋构造上作适当处理，在内力计算中仍可不计温度的影响。对于30层以上或高度100m以上的建筑物，设计中必须考虑温度的影响，以防止结构及非结构的破坏。

在高层建筑中，可采取以下构造措施或施工措施减小温度影响：

① 在顶层、底层、山墙和内纵墙端开间等温度变化影响较大部位提高配筋率。

② 顶层加强保温隔热措施，外墙设置外保温层。

③ 顶部楼层改用刚度较小的结构形式或顶部设局部温度缝，将结构划分为长度较短的区段。

④ 提高每层楼板的构造配筋率。

总而言之，在防灾设计中，当考虑风载、地震作用和温度作用三种影响因素时，应该明确地震作用是要害，处于第二位的是风载，处于第三位的是温度作用。

十、基础埋深

高层建筑基础必须保证有足够的埋置深度，要求保证埋置深度，主要为解决以下问题：

(1) 保证建筑物在水平力下的稳定性，防止发生倾覆和滑移。

(2) 提高地基土的承载力，减少基础沉降。

(3) 设置地下室，可使地震反应降低 20%~30%，有利于抗震。

(4) 设置地下室，基础可设计成补偿式基础，从而减轻天然地基压力。

(5) 直接位于基岩上的基础，可不考虑埋深的要求，但须注意加强地锚，以防滑移。

(6) 设防烈度为 7~9 度时，高层建筑的基础埋深：对于天然地基，不小于建筑物总高的 1/12；对于桩基，不小于建筑物总高的 1/15（桩基埋深从室外地面算起，但是如果地下室周围无可靠的侧向限制时，则应从有侧限的地坪算起，至承台底或基础梁底的高度，桩的长度不计在内）。

十一、构造措施

鉴于抗震理论有待进一步改进，以及一些因素在计算中无法反映，因而在高层建筑结构设计中既需重视计算结果，还必须充分重视构造措施，以保证结构的安全。例如：

(1) 实际存在于建筑物上的各种很难计算的裂缝只有靠构造措施来控制。

(2) 对于刚度突变处的应力集中，构造措施更为重要。

(3) 对于框架结构的角柱，由于受力复杂，故宜将计算内力扩大 1.3 倍，以保证安全。

（4）框架底层柱的计算长度和反弯点位置存在较大的不确定性，故一、二级抗震的框架结构的底层柱下端截面和框支柱两端截面的弯矩设计值应分别乘增大系数 1.5 和 1.25。

（5）剪力墙结构中山墙的顶层和底层，其温度变化影响大，应采取提高配筋率的构造措施。

十二、结构抗震

（一）建筑结构抗震设计要点

1. 场地选择

建筑结构抗震设计要点中，最基础的就是对建筑场地进行选择。《建筑抗震设计标准（2024 年版）》（GB/T 50011-2010）作为强条明确指出：选择建筑场地时，应根据工程需要和地震活动情况、工程地质和地震地质的有关资料，对抗震有利、一般、不利和危险地段作出综合评价，对不利地段应提出避开要求；当无法避开时，应采用有效的措施。对于危险地段，严禁建造甲、乙类的建筑，不应建造丙类的建筑。房屋建筑是人们工作、学习和生活的场所，而在城镇化的过程中，房屋建筑中的人和物也越来越多，这也使得房屋建筑在强震中的损失越来越大。

我国的地震种类繁多，如何提高房屋结构的抗震性能是一个迫切需要解决的问题。当地震来临时，建筑的主要结构将受到很大的破坏。在地震发生时，产生的地壳移动会对建筑物造成直接的破坏。因此，要想采取有效的防震对策，就必须对建筑物的位置进行慎重的选取。对建筑物所处位置的选取宜选用抗震能力比较强的地质环境。比如，在地震中，开阔的土地非常便于人们避难。再比如，坚固的土地在地震时只会产生比较轻微的沉陷，从而降低了建筑物倒塌的概率。在较硬的土质地区，被盖层较薄，建筑物所受到的地震影响较小；反之，则较大。因此，要避免在地质疏松或液化现象明显的河岸、山坡地带的边缘地区建造房屋。因为一旦发生地震，在地质现象的作用下，房屋会迅速下沉，很可能导致房屋倒塌。如果不能避开，就必须对建筑物自身强化抗震设计。

2.地基设计

建筑结构抗震设计要点中，最关键的就是对建筑地基进行设计。近年来频繁发生的地震事件使得人们对建筑物的抗震性能提出了更高的要求，高抗震性能的建筑物将成为未来建筑市场的主流。建筑结构的抗震设计方法之一就是对地基进行设计。为保证建筑结构的整体刚性，提高建筑的抗震性能，在建筑基础设计时，尽量避免同一单元的建筑不得建立在两种不同的地基之上，且埋设深度应满足承载力、变形和稳定性要求。《建筑地基基础设计规范》(GB 50007-2011)明确表示：在抗震设防区，除岩石地基外，天然地基上的箱型和筏形基础其埋置深度不宜小于建筑高度的1/15，桩箱或桩筏基础的埋深（不计桩长）不宜小于建筑物高度的1/18，如果埋置深度太浅，则会降低建筑结构的嵌固作用，在地震时，建筑结构振动幅度很大，极易滑移倒塌。因此，在进行建筑物基础设计时，应在满足规范要求前提下尽量增加埋置深度，以增强建筑物地基的稳定性。

3.抗震结构设计

建筑结构抗震设计中，主要分两个方向进行设计，第一是严格按照国家标准《建筑抗震设计标准（2024年版）》(GB/T 50011-2010)的要求，对建筑的抗震进行设计，通过结构布局和体系合理，传力途径明确，薄弱部位加强，同时设计中考虑"强剪弱弯，强柱弱梁"的原则使其达到"小震不坏，中震可修，大震不倒"的效果。第二就是采用隔震设计，随着《建筑隔震设计标准》从2021年9月1日执行，国家也逐渐注重建筑的隔震设计，目前也越来越多的建筑开始采用隔震设计，特别是一些抗震设防等级高的建筑，当然隔震技术也不是最近才采用，自古以来，就被广泛应用，且效果显著。

4.布局设计

建筑结构抗震设计要点中，最重要的就是对建筑布局进行设计。在《建筑抗震设计标准（2024年版）》(GB/T 50011-2010)中也明确指出建筑物的规则性和结构体系的优越性。随着社会发展和人类的进步，人们对审美的要求逐渐变化，各种奇形怪状的建筑形式也如雨后春笋般地出现，对抗震的影响极其不利，造价也极高。因此，在建筑结构抗震设计中，首先要对建筑布局进行设计，既要保证建筑的美观和舒适性，又能形成完整的、优越的结构体系，才能降低地震对建筑物的破坏。世界上很多完美的建筑都是既美观，又采用合理的受力体力，比如美国纽约的地标之一美国世贸大厦：世贸大厦中心双塔采用创新的钢框架套筒结构体系设计，通过水平楼层桁架将外围支撑结构与中央核心结构连接在一起，这种设计让建筑具有非凡的抗震和抗风能力；再比如北京 CBD 核心区 Z15 地块中国尊大楼，为满足结构抗震与抗风的技术要求，中国尊在结构上采用含有巨型柱、巨型斜撑及转换桁架的外框筒，以及含有组合钢板剪力墙的核心筒，形成内筒和外筒的双重抗侧力体系，可做到小震不坏、中震可修、大震不倒的完美效果。

（二）建筑结构抗震设计

1. 防震缝设计

防震缝在建筑结构抗震设计中发挥着关键作用。《建筑抗震设计标准（2024 年版）》（GB/T 50011-2010）也明确指出，体型复杂、平立面不规则的建筑应根据不规则程度、地基基础条件和技术经济等因素的分析，确定考虑设置抗震缝。因此当建筑物的结构不太合理时，应在适当的地方设置防震缝。在设置防震缝时，应将房屋建筑划分为彼此独立的单元结构，并在防震缝两侧预留一定的空间，防震缝的上部结构应充分分开。

目前，我国在进行高层建筑的抗震设计时，一般都是采用了延性构造，即通过对建筑物的刚度进行适当调节，使得在发生地震时该建筑物将处于一种较大的塑性状态。在对建筑结构进行抗震设计时，应尽可能地减少地震作用，当建筑物的刚度比较小、结构不太合理时，就应设置防震缝，使得建筑物可以提高抗震能力。在发生地震时，能量就获得了消耗，减少了建筑物在地震下遭到的破坏，进而保证了建筑物的安全。另外，随着我国科技水平的不断提高，在当前的高层建筑抗震研究工作中，采用了耗能减震装置，使建筑物具有较好的抗震性能，从而达到降低地震灾害的目的。此外，在对防震缝进行设计时，应充分考虑建筑物之间的相互影响，例如地震波的传播方向、地震波的速度等。与此同时，还应对抗震设计的整体结构进行认真分析与研究，从而确保建筑物的安全。

2. 抗震墙设计

抗震墙设计是建筑物抗震结构设计中（特别是高层建筑）的重要部分。在高层建筑的体系中，抗震墙在框架抗震墙结构、抗震墙结构、筒体结构、板柱－抗震墙结构等各种体系中都起着不可替代的作用。在地震中，房屋倒塌的主要原因就是抗震墙出现了破坏，所以在进行建筑结构抗震设计时，应合理规划抗震墙的布置。在抗震设计中，我们首先要根据建筑物的类别，进行结构体型的选择，比如高层办公或酒店以大空间为准，可采用筒体或者框架抗震墙结构，高层住宅以使用功能为中心，采用剪力墙或者筒体结构，好的结构体系是抗震设防的第一步；接着就是依据建筑平面对结构进行抗震墙的布置，布置原则可根据《建筑抗震设计标准（2024 年版）》（GB/T 50011-2010）中的设计要求，比如楼梯间和电梯间宜设置抗震墙、抗震墙结构四个角度宜设置抗震墙、抗震墙宜贯通全屋高度、抗震墙洞口宜上下对齐和房间过长时，刚度较大的纵向抗震墙不宜设置在房屋的端开间等。在建筑结构中，要想降低建筑物的地震破坏程度，就必须使建筑物的横向抗震墙均匀分布于建筑物的整个平面上。

具体来说，就是要对建筑的横向抗震墙进行合理布置。为了使建筑结构在地震中更好地承受地震力，同时为了避免由于横向抗震墙刚度过大而导致房屋发生倒塌，在设计过程中还必须要对建筑物的纵向抗震墙进行合理布置。这样才能有效地降低房屋在地震中的破坏程度。在对建筑结构进行设计规划的同时，还要做到水平墙面和纵向墙面的均匀分布，共同承担整个建筑的重量。要想做到这一点，就必须加强对建筑结构的抗震计算，计算时需要结合建筑结构的实际情况，科学、合理地进行墙体的布置，这样才能有效地降低地震对建筑结构造成的破坏。

综上所述，为了使建筑物抗震设计更加合理，在进行抗震设计时应注意以下几点：首先，要确定建筑物的结构形式，以及根据建筑的使用功能对建筑物进行设防类别的分类，然后再根据不同类别的建筑物采取不同的抗震等级和制定不同的抗震措施；其次，要根据建筑结构形式制定合理的抗震墙设计方案，通过模型计算，得出最优的抗震墙设计方案；最后，在进行抗震设计时要严格按照抗震规范要求进行设计，避免由于设计不当而造成严重后果。只有这样才能有效地降低地震对建筑结构造成的破坏程度。

3. 屋顶抗震

在建筑结构抗震设计中，很容易忽略的一点就是屋顶抗震。附着于屋顶结构的非结构构件，应与主体结构有可靠的连接和锚固，避免地震时倒塌伤人或砸坏水箱、消防水管、风机等重要设备。在现代，许多建筑物为了追求美观，在屋顶进行了美化装修，然而这存在着很大的安全隐患。首先，这对消防安全造成了一定的威胁；其次，它使得房屋的抗震性能大大降低。建筑物的构造质量越轻，其结构的稳定性越好，在地震作用下所遭受的破坏越少，因而其安全程度也越高。因此，要想降低建筑物在地震中的破坏程度，必须使建筑物的各个构件都减轻一些重量。要达到减轻建筑物各个构件重量的目的，最重要的就是减轻墙体和屋顶的重量。当墙体自身的重量较大时，房屋的抗震能力将大大下降，当地震来临时，墙体会给建筑带来较大的破坏，因此在设计时应当对墙体的结构材料作出明确的说明。在屋顶的施工中，要尽量降低屋顶的高度，提高屋顶的坚固程度，并采用质量较轻的材料进行施工。也就是说，在设计和建造屋顶的时候，要选用质量较轻的材料，而且要尽可能避免在屋顶之上添加其他结构，因为这样会加大房顶的高度和重量，导致建筑物的高宽比的比例变大，从而对建筑的抗震性能产生不利影响。

第二章 框架结构设计

第一节 框架结构的布置与计算简图

一、框架结构的布置与杆件的截面尺寸

(一) 框架结构的布置

框架按支承楼板方式可分为横向承重框架、纵向承重框架和双向承重框架。从抗风荷载和地震作用而言，无论横向承重还是纵向承重，框架都是抗侧力结构。框架结构除应满足结构总体布置的一般原则外，还应考虑下面的一些要求：

（1）框架只能承受自身平面内的水平力，因此有抗震设防的框架结构或非地震区层数较多的房屋框架结构，横向和纵向均应设计成刚接框架，设计成双向梁柱抗侧力体系。主体结构除个别部位外，不应采用铰接，以增大结构的刚度和整体性。抗震设计的框架结构不宜采用单跨框架。

（2）框架梁、柱中心线宜重合。当梁、柱中心线不能重合时，在计算中应考虑偏心对梁、柱节点核心区受力和构造的不利影响，同时应考虑梁荷载对柱的偏心影响。为承托隔墙，又要尽量减少梁轴线与柱轴线的偏心距，可采用梁上挑板承托墙体的处理方法。

（3）当梁、柱中心线不能重合时，其偏心距不应大于该方向柱截面宽度的1/4。如偏心距大于该方向柱宽的1/4时，可采取增设梁的水平加腋等措施。设置水平加腋后，仍须考虑梁荷载对柱的偏心影响。

（4）框架结构的填充墙及隔墙宜选用轻质墙体，抗震设计时，框架结构如采用砌体填充墙，其布置应避免形成上下层刚度变化过大，避免形成短柱和减少因抗侧移刚度偏心所造成的扭转。

（5）框架结构按抗震设计时，不应采用部分由砌体墙承重的混合承重形

式，否则会对建筑物的抗震很不利。框架结构中的楼、电梯间及局部出屋顶的电梯机房、楼梯间、水箱间等，应采用框架承重，不应采用砌体墙承重。

(二) 框架结构杆件截面尺寸的确定及其刚度取值

1. 框架梁截面尺寸估算

框架梁截面尺寸应根据承受竖向荷载大小、跨度、抗震设防烈度、混凝土强度等多因素综合考虑确定，在一般荷载情况下，框架梁截面高度 h_b 可按计算跨度的 1/10 ~ 1/18，且不小于 400mm，也不宜大于 1/4 净跨。框架梁的宽度 b_b 一般为梁截面高度 h_b 的 1/2 ~ 1/3，且不应小于 200mm。为了降低楼层高度，或便于通风管道等通行，必要时可设计成宽度较大的扁梁，此时应根据荷载及跨度情况满足梁的挠度限值，扁梁截面高度 h_b 可取计算跨度的 1/15 ~ 1/18。

为满足梁的刚度和承载力要求，节省材料和有利的建筑空间，可将梁设计成加腋形式。这种加腋梁在进行框架的内力和位移计算时可采用等效线刚度代替变截面加腋梁的实际线刚度。按等效线刚度电算输出的跨中、支座纵向钢筋及支座边按剪力所需箍筋是不真实的，应根据内力手算确定配筋。

2. 框架梁截面的惯性矩

在框架结构中，由于楼板参加梁的工作，故要精确地确定梁截面的惯性矩是一个复杂的问题。因为大梁在左右反弯点之间是一个翼缘受压的 T 形截面，在反弯点之外是一个翼缘受拉的 T 形截面，所以在裂缝开展后会引起梁截面刚度的变化。为了简化计算，可忽略刚度变化，并假定梁截面的惯性矩不变。在框架结构的内力与位移计算中，现浇楼面可以作为梁的有效翼缘增大梁的有效刚度，减少框架侧移。每一侧有效翼缘的宽度可取至板厚的 6 倍；装配整体式楼面可按其构造的整体性取等于或小于板厚的 6 倍；无现浇面层的装配式楼面，楼面的作用不考虑，框架梁只取梁本身的刚度。

为了减少构件类型，简化施工，多层房屋中柱截面沿房屋高度不宜改变。高层建筑中柱截面沿房屋高度可根据房屋层数、高度、荷载等情况保持不变或作 1 ~ 2 次改变。当柱截面沿房屋高度变化时，中间柱宜采取两边缩，上下柱对齐竖向轴线，均匀内收，避免上下偏心，否则在计算中应考虑偏心的附加作用；边柱和角柱一般采取内缩，宜使截面外边线重合。每次缩小的柱截面高度以 100～150mm 为宜。

二、框架结构的计算简图

(一) 计算简图

框架结构一般是由横向和纵向框架组成的空间结构，为方便常忽略结构纵向和横向之间的空间联系，通常可近似地按两个方向的平面框架分别计算。

结构设计时一般取中间有代表性的一榀横向框架进行分析即可。作用于框架上的荷载各不相同，设计时应分别进行计算。取出的平面框架所承受的竖向荷载与楼盖结构的布置方案有关，当采用现浇楼盖时，楼面分布荷载一般可按角平分线传至相应两侧的梁上，水平荷载则简化成节点集中力。

(二) 跨度与层高的确定

在结构计算简图中，杆件用其轴线来表示。框架梁的跨度即取柱子轴线之间的距离；当上下层柱截面尺寸变化时，一般以最小截面的形心线来确定。框架的层高，即框架柱的长度可取相应的建筑层高，即取本层楼面至上层楼面的高度，但底层的层高则应取基础顶面到二层楼板顶面之间的距离。当设有整体刚度很大的地下室且地下室的层间刚度不小于相邻上层层间刚度的 3 倍时，可取至地下室的顶板处。

当各跨跨度相差不超过 10% 时，可当作具有平均跨度的等跨框架。斜形或折线形横梁倾斜度不超过 1/8 时，仍可视为水平横梁计算。

(三) 荷载计算

作用于框架结构上的荷载有竖向荷载和水平荷载两种。竖向荷载包括结构自重及楼 (屋) 面活荷载，一般为分布荷载，有时也有集中荷载。在内力计算前，需将楼面上的竖向荷载分配给支承它的结构 (梁、柱等)。楼面荷载的分配与楼盖的构造有关。当采用装配式或装配整体式楼盖时，板上荷载通过预制板的两端传递给它的支承结构。如果采用现浇楼盖时，楼面上的恒荷载和活荷载根据每个区格板两个方向的边长之比沿单向或双向传递。区格板长边边长与短边边长之比大于2时，沿单向传递；小于或等于2时，沿双向传递。

当板上荷载沿双向传递时，可以按双向板楼盖中的荷载分析原则，从每个区格板的四个角点作45°线将板划成四块，每个分块上的恒荷载和活荷载向与之相邻的支承结构上传递。

第二节　框架结构在竖向荷载作用下的近似计算

多层多跨框架的内力和位移计算有精确算法和近似算法。精确算法多采用空间结构用电子计算机完成，近似算法主要采用平面结构以适于手算。事实上，精确法也是建立在一些简化假定的基础上的，例如计算简图和材料的应力应变关系等都采用一定的简化假定，所以精确法仍然是相对的。在工程实践中，为了缩短计算时间，常要比精确法多做出若干个假定和简化，这就是所谓的近似计算法。对近似计算法的基本要求是计算要简便，而计算结果又能满足工程上对精确度的要求。为了达到这一要求，必须先研究哪些因素起着主要作用，哪些因素起着次要作用，然后做出近似假定或简化，使之能充分反映主要因素，忽略或近似反映次要因素。我们主要介绍近似算法。

多层多跨框架在竖向荷载作用下的内力计算设计上主要采用两种近似算法：分层法和弯矩二次分配法。

一、分层法

根据用位移法或力法等解多层多跨刚架在竖向荷载作用下的计算结果可知，它的侧移是极小的，而且每层梁上的荷载对其他各层梁的影响也很小。

为了简化计算可假定：

（1）在竖向荷载作用下，多层多跨刚架的侧移极小，可忽略不计。

（2）每层梁上的荷载对其他各层梁的影响可以忽略不计。

（3）按照叠加原理，又根据上述假定，多层多跨框架在多层竖向荷载同时作用下的内力，可以看成各层竖向荷载单独作用下的内力的叠加。

按上述假定：

① 计算时可将各层梁及其上、下柱所组成的框架作为一个独立的计算单元(单层框架)分层计算。分层计算所得的梁弯矩即为其最后的弯矩。因每一柱子属于上、下两层，所以每一柱子的弯矩需由上、下两层计算所得的弯矩值叠加得到。

② 在分层计算时，假定上、下柱的远端是固定的，但实际上除底层以外每一层柱子均有转角产生，是弹性支承。

为了改善由于在计算简图中假定上、下柱的远端为固定端所带来的误差，可令除底层以外的其他各层立柱的线刚度均乘一个折减系数 0.9，并取它的传递系数为 1/3。

③ 框架节点处的最终弯矩之和常不等于零而接近零，这是由分层计算框架所引起的。但一般误差不大，如需进一步调整时，可将节点不平衡弯矩再进行一次分配，但不再传递。

对侧移较大的框架及不规则的框架不宜采用分层法。

分层法具体计算步骤如下：

第一步，将框架分层，有多少层就有多少个计算简图。

第二步，将除底层之外的所有层柱的线刚度均乘 0.9。

第三步，分层后的简单框架可用弯矩分配法计算。一般说来，每一节点经过两次分配就够了。

第四步，在采用弯矩分配法的计算过程中，柱传递系数取 1/3，但对底层仍取 1/2。

第五步，梁的弯矩为最后弯矩，柱的弯矩上、下两层取代数和。

第六步，若节点处不平衡弯矩较大，再分配一次。

二、弯矩二次分配法

对于六层以下无侧移的框架，此法较为方便。具体计算步骤如下：

(1)计算框架各杆件的线刚度及分配系数。

(2)计算框架各层梁端在竖向荷载作用下的固定端弯矩。

(3)计算框架各节点处的不平衡弯矩，并将每一节点处的不平衡弯矩同时进行分配并向远端传递，传递系数仍为 1/2。

（4）进行两次分配后结束（仅传递一次，但分配两次）。

弯矩计算：首先将各节点的分配系数填在相应方框内，将梁的固端弯矩填写在框架横梁相应位置上，然后将节点放松，把各节点不平衡弯矩"同时"进行分配。假定：远端固定进行传递（不向滑动端传递），右（左）梁分配弯矩向左（右）梁传递，上（下）柱分配弯矩向下（上）柱传递（传递系数均为1/2）。第一次分配弯矩传递后，再进行第二次弯矩分配，然后不再传递。实际上，弯矩二次分配法只将不平衡弯矩分配两次，将分配弯矩传递一次。

作弯矩图：将杆端弯矩按比例画在杆件受拉一侧。对于无荷载直接作用的柱将杆端弯矩连以直线，即为该杆的弯矩图；对于有荷载直接作用的梁以杆端弯矩的连线为基线，叠加相应简支梁的弯矩图，即为该杆件的弯矩图。

当梁端负弯矩求得后，可以考虑梁端由于塑性变形而产生的内力重分布，将梁端弯矩予以降低，同时相应加大梁的跨中弯矩，采用调幅系数 β（对于现浇框架取 $0.8 \sim 0.9$，对于装配式框架取 $0.7 \sim 0.8$）。将调幅后的梁端弯矩叠加相应简支梁最大正弯矩即可得到梁的跨中弯矩。

为使梁跨中钢筋不至于过少，保证梁跨中截面有足够的安全度，梁跨中弯矩至少取相应简支梁最大正弯矩的50%。梁端弯矩调幅后，不仅可以减少梁端配筋数量，达到方便施工的目的，还可以提高柱的安全储备，以满足"强柱弱梁"的设计原则。

第三节　框架结构在水平荷载作用下的近似计算
——反弯点法

一、水平荷载作用下框架结构的受力特点

框架所受的水平荷载主要是风力和地震作用，一般先将作用在每个楼层上的总风力和总地震作用分配到各榀框架，然后化成作用在框架节点上的水平集中力，再进行平面框架的内力分析。由精确法分析可知，框架结构在节点水平力作用下其弯矩图有两个特点：

（1）各杆的弯矩图均为直线，并且每一根杆件都有一个弯矩等于零的反弯点。

（2）所有各杆的最大弯矩均在杆件两端。

这样，如果能够求出各柱的剪力及其反弯点的位置，则柱和梁的弯矩均可得到。

二、反弯点法

基于以上分析，反弯点法要确定各柱中的剪力（分配比）和各柱的反弯点位置。为了解决这两个问题，先观察整个框架在水平荷载作用下的变形情况。框架在水平荷载作用下，节点将同时产生转角和侧移。根据分析，当梁的线刚度和柱的线刚度之比大于 3 时，节点转角 θ 很小，它对框架的内力影响不大。因此，为了简化计算，通常把它忽略不计，即假定 $\theta=0$。实际上，这就等于把框架横梁简化成线刚度无穷大的刚性梁，则同一层的各节点水平位移相等。这样处理可使计算大为简化，而其误差一般不超过 5%，为方便计算，作如下假定：

（1）在确定各柱间的剪力分配比时，认为各柱上下两端角位移为零，即认为梁柱线刚度之比为无限大。

（2）在确定各柱的反弯点位置时，认为除底层以外的各层柱受力后的上、下两端将产生相同的转角。

自上而下逐层叠加节点左右的梁端剪力即可得到柱内轴向力。

按反弯点法计算框架内力的步骤为：

① 确定各柱反弯点位置。

② 分层取脱离体计算各反弯点处剪力。

③ 先求柱端弯矩，再由节点平衡求梁端弯矩。当为中间节点时，按梁的相对线刚度分配节点处柱端不平衡弯矩。

④ 以各个梁为脱离体，将梁的左右端弯矩之和除以该梁的跨长，便得梁内剪力。

⑤ 自上而下逐层叠加节点左右的梁端剪力即可得到柱内轴向力。

第四节　框架结构在水平荷载作用下的改进反弯点法
——D 值法

一、柱侧移刚度 D 值

反弯点法是梁柱线刚度比大于 3 时，假定节点转角为零的一种近似计算方法。当柱子截面较大时，梁柱线刚度比常常较小，节点转角较大，用反弯点法计算的内力误差较大。在水平荷载作用下，高层框架结构的变形特点说明：

（1）框架柱的抗侧刚度不仅与柱本身的线刚度有关，而且与梁的线刚度有关，因此应对反弯点法中柱的抗侧刚度进行修正。

（2）水平荷载作用下的框架柱存在着反弯点，但它不是定值，而是随着梁柱线刚度比、该柱所在楼层位置、上下层梁的线刚度比，以及上下层层高的不同而不同，甚至与房屋的总层数也有关，因此应对反弯点法中的反弯点高度进行修正。

由于对修正后的柱的抗侧刚度用 "D" 来表示，故通常称为 D 值法。该方法的计算步骤与反弯点法相同，因而计算简便、实用，精度比反弯点法高。这一方法在多、高层建筑结构设计中得到广泛应用。但是 D 值法与反弯点法一样，作了平面结构假定，也忽略柱的轴向变形，同时 D 值法虽然考虑了节点转角，但又假定同层各节点转角相等，推导 D 值及反弯点高度时，还作了另一些假定，因此 D 值法也是一种近似方法。随着高度增加，忽略柱轴向变形带来的误差也增大。此外，在规则框架中，D 值法使用效果较好。D 值法需要解决的是：修正后框架柱的抗侧刚度 "D" 的确定，调整后框架柱的反弯点位置的确定。

二、确定柱反弯点高度比

各层柱的反弯点位置与该柱上、下端转角的大小有关。若柱上、下端转角相同，则反弯点就在柱子中央；若柱上端转角大于柱下端转角，则反弯点偏于柱子下端；反之，反弯点则向上移。影响柱两端转角大小的因素有：

（1）梁柱线刚度比。

（2）该柱所在楼层位置及结构总层数。

（3）该柱上下层梁线刚度比。

（4）上下层层高的变化。

（5）荷载的形式。

第五节　框架结构在水平荷载作用下侧移的近似计算

框架结构侧移主要是由水平荷载或作用引起的，可近似地认为是由梁柱弯曲变形和柱的轴向变形所引起的侧移的叠加。由杆件弯曲变形引起的侧移可由 D 值计算，是框架侧移的主要部分；由柱轴向变形产生的侧移可由连续化方法作近似估算。当结构高度增大时，由柱轴向变形产生的侧移占总变形的百分比也增大。

根据工程计算，对于建筑物高度不大于 50m 的办公楼、住宅、旅馆类的框架结构，柱的轴向变形所引起的顶点侧移约为框架梁柱弯曲变形所产生的顶点侧移的 5%～11%。一般情况下，当结构低于 15 层时，可不计算柱轴向变形产生的侧移。考虑到高层框架结构高度的适用范围，可以将由框架梁柱弯曲变形产生的框架顶点侧移扩大 10% 来近似地反映高层框架的水平位移。在高度较大的框架中，柱轴向力加大，柱轴向变形引起的侧移可能占较大比例，不能忽略。一般来说，两者叠加以后的侧移曲线仍为剪切型。

柱轴向变形产生的侧移可由单位荷载法或能量法推导。在水平荷载作用下，对于一般框架，只有两根边柱轴力（一拉一压）较大，中柱因其两边梁的剪力相互抵消，轴力很小，因此在计算由柱轴向变形引起的侧移时可假定只有两边柱受轴力作用，内柱轴力为零。外柱轴力 N 为

$$N = \pm M/B \tag{2-1}$$

式中：M——上部水平荷载对该高程处所引起的弯矩；

　　　B——外柱轴线间的距离。

第六节　框架的内力组合及最不利内力

设计框架结构的构件时，必须求出各构件的最不利内力。例如，为了计算框架横梁某截面的下部配筋，就必须找出此截面的最大正弯矩（下边缘受拉）。确定框架横梁某截面上部配筋时，必须找出该截面的最大负弯矩（上边缘受拉）。一般说来，并不是所有荷载同时作用时截面的弯矩为最大值，而是在某些荷载作用下得到此截面的最大正弯矩，在另一些荷载作用下得到此截面的最大负弯矩。对于框架柱也是这样，在某些荷载作用下，截面可能属于大偏心受压，而在另一些荷载作用下，截面可能属于小偏心受压。因此，在进行构件设计前，应先做到：确定梁或柱截面的最不利内力的种类；选择控制构件配筋的截面，即控制截面；确定活荷载的最不利位置；找出最不利内力，即最不利内力组合。在各种结构中，框架的内力组合是比较复杂的，下面的各种讨论都是围绕框架进行的，其他结构可参考进行。

一、控制截面及最不利内力类型

（一）控制截面

在外荷载作用下，内力一般沿杆件长度方向是变化的，但是为了便于施工，构件的配筋常不完全和内力一样变化，而是分段配筋的。设计时可根据内力图变化的情况，选取几个控制截面的内力作配筋计算。控制截面通常是指内力最大的截面，但是不同的内力并不一定在同一截面达到最大值，因此一个构件可能同时有几个控制截面。

对于框架梁，其两端支座截面常常是最大负弯矩及最大剪力作用处，在水平荷载作用下，梁端还有正弯矩。而跨中控制截面的正弯矩往往最大。框架梁通常选两端支座截面及跨中截面作为控制截面。注意，由于内力分析的结果都是轴线处梁的弯矩和剪力，因此在组合前应将内力换算到柱边截面（危险截面）的弯矩和剪力。

对于框架柱，弯矩最大值在柱两端，剪力和轴力值在同一楼层内变化很小，因此柱的设计控制截面为上、下两个柱端截面，在轴线处的计算内力也要换算到梁上、下边缘处柱截面（危险截面）的内力。

(二) 框架梁、柱最不利内力组合

最不利内力组合系指对控制截面的配筋起控制作用的内力组合。对于某一控制截面，可能有多组最不利内力组合。例如，对于梁端，需求得最大负弯矩以确定梁端顶部的配筋，需求得最大正弯矩以确定梁端底部的配筋，还需求得最大剪力以计算梁端受剪承载力。柱是偏压构件，柱有可能出现大偏压破坏，此时 M 越大越不利，也可能出现小偏压破坏，此时 N 越大越不利。此外，由于柱多采用对称配筋，因此还应选择正弯矩或负弯矩中绝对值最大的弯矩进行截面配筋。

二、竖向活荷载的最不利布置

一般应按活载最不利方式计算内力，以求得截面最不利内力。但是对于高层建筑而言，计算活载的不利布置及内力组合工作量太大，考虑到一般公共及民用建筑中竖向活载不大，与恒载及水平荷载产生的内力相比较小，因此多数情况下可不考虑活载的不利布置，只按满布活载计算内力，这样可大大减少计算工作量。但在竖向荷载很大时（如图书馆、仓库），应考虑活载的不利布置。

三、梁端弯矩调幅

框架结构梁端弯矩较大，配筋较多，因而不便施工。框架中允许梁端出现塑性铰，因此在梁中可考虑塑性内力重分布，通常是降低支座弯矩，以减小支座处的配筋。根据工程经验，对钢筋混凝土框架可取调幅系数：

$$\beta = \begin{cases} 0.7 \sim 0.8 , & \text{钢筋混凝土装配式框架} \\ 0.8 \sim 0.9 , & \text{钢筋混凝土现浇式框架} \end{cases} \qquad (2\text{-}2)$$

支座弯矩降低后，必须相应加大跨中设计弯矩，这样在支座出现塑性铰以后不会导致跨中截面承载力不足。通常，跨中弯矩可乘 1.1 ~ 1.2 的调整系数。

注意：

（1）弯矩调幅只对竖向荷载作用下的内力进行，水平荷载作用下产生的弯矩不参加调幅。

（2）梁端弯矩调幅应在内力组合前进行，调幅后再和水平荷载下的内力组合。

四、内力组合

通过框架内力分析，获得了在不同荷载作用下产生的构件内力标准值。进行结构设计时，应按照关于荷载效应组合的规定进行。在框架抗震设计时，一般应考虑以下两种基本组合：

（1）地震作用效应与重力荷载代表值效应的组合：抗震设计第一阶段的任务是在多遇地震作用下使结构有足够的承载力。此时，除地震作用外，还认为结构受到重力荷载代表值和其他活荷载的作用。按《建筑抗震设计标准（2024 年版）》(GB/T 50011-2010) 规定的承载力极限状态设计表达式的一般形式，当只考虑水平地震作用与重力荷载代表值时，其内力组合设计值 S 可写成

$$S=1.2S_{GE}+1.3S_{Ehk} \tag{2-3}$$

式中：S_{GE}——相应于水平地震作用下重力荷载代表值效应的标准值；

S_{Ehk}——水平地震作用效应的标准值。

（2）竖向荷载效应包括全部恒载与活载的组合：无地震作用时，结构受到全部恒载和活载的作用。考虑到全部竖向荷载一般比重力荷载代表值要大，且计算承载力时不引入承载力抗震调整系数，这样就有可能出现在正常竖向荷载下所需的构件承载力大于水平地震作用下所需的构件承载力的情况。因此，应进行正常竖向荷载作用下的内力组合，这种组合有可能对某些截面设计起控制作用。

（3）梁跨间最大正弯矩组合的设计值：抗震设计和非抗震设计时，梁跨间最大正弯矩的确定方法相同，故仅以抗震设计为例予以说明。抗震设计时，梁跨间最大弯矩应是水平地震作用产生的跨间弯矩与相应的重力荷载代表值产生的跨间弯矩的组合。由于水平地震作用可能来自左、右两个方向，因而应考虑两种可能性，分别求出跨间弯矩，然后取较大者进行截面配筋计算。求跨间最大弯矩通常采用两种方法：作弯矩包络图和解析法。

在手算时，一般通过表格进行，步骤如下：

① 恒载、活载、风载和地震荷载都分别按各自规律布置，并进行内力分析。

② 取出各个构件的控制截面内力，经过内力调整（如调幅）后填入表内。

③ 根据本建筑物具体情况，选出可能的若干组组合。

④ 按照不利内力的要求分组叠加内力。

⑤ 在若干组不利内力中选取最不利内力作为构件截面的设计内力。

第七节 框架结构构件截面设计及构造要求

一、高层建筑框架结构的设计原则

一般情况下，求得内力后的高层框架，其截面设计按下述原则进行：框架柱按压弯构件设计，框架梁按受弯构件设计。

(一) 延性框架的设计原则

非抗震及抗震结构在结构设计上有许多不同之处，其根本区别在于非抗震结构在外荷载作用下结构处于弹性状态或仅有微小裂缝，构件设计主要是满足承载力要求，而抗震结构在设防烈度下，构件进入了塑性变形状态。为了实现抗震设防目标，钢筋混凝土框架除了必须具有足够的承载力和刚度，还应具有良好的延性和耗能能力。延性是指强度或承载力没有大幅度下降情况下的屈服后变形能力，耗能能力用往复荷载作用下构件或结构的力 - 变形滞回曲线包含的面积度量。试验表明，梁的耗能能力大于柱的耗能能力，构件弯曲破坏的耗能能力大于剪切破坏的耗能能力。

如果结构能维持承载能力而又具有较大的塑性变形能力，就称为延性结构。延性大的结构可通过变形耗散大量的地震能量，而使作用在框架上的地震荷载在一定时间内维持基本不变；当结构延性较差时，地震荷载作用下的高层框架结构容易发生脆性破坏而突然倒塌。对高层框架而言，一般认为延性的取值为 3 ~ 4 为好。大量震害调查和试验表明，经过合理设计，钢筋混凝土框架可以达到所需要的延性，称为延性框架结构。

(二) 强柱弱梁框架的设计原则

在强震时，结构会进入弹塑性阶段，将会在梁和柱的某些部位出现塑性铰。在框架结构中，塑性铰可能出现在梁上，也可能出现在柱上。一般来说，塑性铰出现在梁上较为有利。

在梁端出现的塑性铰数量可以很多而结构不至于形成机动体系，每一个塑性铰都能吸收和耗散一部分地震能量。此外，梁是受弯构件，而受弯构件处理得当能够具有较好的延性。如果塑性铰出现在柱中，很容易形成机动体系。

抗震设计时控制节点附近梁端和柱端的承载力设计值，使柱的受弯承载力高于梁的受弯承载力，这样就可以控制柱的破坏不至于发生在梁破坏之前，破坏时形成延性较好的梁铰型机构，这就是强柱弱梁的设计原则。强柱弱梁也就是控制塑性铰的位置。

(三) 强节点、强锚固的设计原则

要设计延性框架，除了梁、柱构件必须具有延性，还必须保证各构件的连接节点不过早出现破坏。连接框架梁、柱的节点受力比较复杂，且容易发生非延性的剪切破坏，从而引起更为严重的后果。因此，设计时应使节点不在与其相连的梁端、柱端破坏之前失效，这就是强节点的设计原则。在地震往复作用下，伸入核心区的纵筋与混凝土之间的黏结破坏，会导致梁端转角增大，从而增大层间位移。因此，框架设计的重要环节之一是避免梁、柱节点核心区破坏以及纵筋在核心区锚固破坏，同时还要保证支座连接不发生破坏。强节点、弱构件是为了保证节点区的承载力，核心区的受剪承载力应大于交会在同一节点的两侧梁达到受弯承载力时对应的核心区的剪力。在梁、柱塑性铰充分发展前，节点核心区不应破坏。

(四) 强剪弱弯的设计原则

要保证框架结构有一定的延性，就必须保证梁柱构件具有足够的延性。梁、柱剪切破坏往往因混凝土抗力不足引起，使脆性破坏，延性小，构件的耗能能力差，而弯曲破坏多因钢筋屈服引起，为延性破坏，构件的耗能能力大。弯曲（压弯）破坏优于剪切破坏，因此设计时可以通过控制截面和配筋，保证构件抗剪承载力应分别大于其受弯承载力对应的剪力，使剪切破坏不在弯曲破坏之前发生，则构件的延性就可以得到保证。这就是强剪弱弯的设计原则。强剪弱弯是为了控制构件的破坏形态。

另外，钢筋混凝土柱大偏压破坏优于小偏压破坏，钢筋混凝土小偏心受压柱的延性和耗能能力显著低于大偏心受压柱，主要是因为小偏压柱相对受压区高度大，延性和耗能能力降低，因此要限制抗震设计的框架柱的轴压比（平均轴向压应力与混凝土轴心抗压强度之比），并采取配置足够箍筋等措施，以获得较大的延性和耗能能力。

（五）局部加强

提高和加强底层柱嵌固端以及角柱、框支柱等受力不利部位的承载力和抗震构造措施，延迟或避免其破坏。

（六）限制柱轴压比，加强柱箍筋对混凝土的约束

虽然框架按强柱弱梁设计，但由于柱还不够强等原因，框架柱还有出现塑性铰的可能。为了使框架柱有足够大的延性和耗能能力，有必要限制柱的轴压比，同时在柱两端配置足够多的箍筋，使可能出现塑性铰的柱两端成为约束混凝土。

（七）选用合适的结构材料

抗震设计时，为保证结构构件具有良好的抗震性能，应选用合适的结构材料。试验表明，强度等级偏低的混凝土，钢筋与混凝土之间的黏结强度较差，钢筋受力后容易发生滑移；混凝土强度过高，则脆性明显，影响结构的延性。因此，混凝土的强度等级：对于一级抗震等级的框架梁、柱和节点，不应低于 C30，其他各类构件不应低于 C20；设防烈度为 8 度时不宜超过 C70，9 度时不宜超过 C60。

由于钢筋的塑性指标随钢筋级别的提高而降低，故构件的延性也随着钢筋级别的提高而降低。为了使结构构件满足一定的延性要求，纵向受力钢筋宜选用 HRB400、HRB335 级热轧钢筋；箍筋宜选用 HRB335、HRB400

级热轧钢筋。为了使塑性铰具有足够的转动能力，避免钢筋过早被拉断，对于一、二级抗震等级的框架结构，其纵向受拉钢筋的抗拉强度实测值与屈服强度实测值的比值不应小于1.25。另外，在抗震结构中，如果钢筋实际的屈服强度比标准值高出太多，则有可能导致构件的破坏形态改变，如在梁中可能导致应该出现塑性铰的位置不出现塑性铰的不利后果。因此，钢筋的屈服强度实测值与钢筋强度标准值的比值按一、二级抗震等级设计时不应大于1.3。抗震设计时，填充墙及隔墙应注意与框架及楼板拉结，并注意填充墙及隔墙自身的稳定性，应做到以下几点：

（1）砌体的砂浆强度不应低于 M5。

（2）填充墙应沿框架柱全高每隔500mm左右（结合砌体的皮数）设2ϕ6拉筋，拉筋伸入墙内的长度：6度、7度不应小于墙长的1/5且不应小于700mm，8度、9度时宜沿墙全长贯通。

（3）墙长大于5m时，墙顶与梁（板）宜有拉结；墙高超过4m时，墙体半高处（或门洞上皮）宜设置与柱连接且沿墙全长贯通的钢筋混凝土水平系梁，梁高100~120mm，纵向钢筋不少于3ϕ8，分布筋为 ϕ6@300，混凝土为C20。

（4）一、二级框架的围护墙和分隔墙宜采用轻质墙体。

二、高层建筑框架梁的设计

框架梁是钢筋混凝土框架的主要延性耗能构件，框架的延性特别需要梁的延性来保证。在地震作用下，框架结构的合理屈服机制是在梁上出现塑性铰。结构进入弹塑性状态时既允许塑性铰在梁上出现又不要发生梁剪切破坏，同时还要防止由于梁筋屈服渗入节点而影响节点核心的性能，这就是对梁端抗震设计的要求。具体说来，即梁形成塑性铰后仍有足够的受剪承载力；梁筋屈服后，塑性铰区段应有较好的延性和耗能能力；妥善地解决梁筋锚固问题。影响梁的延性和耗能的主要因素有破坏形态、截面混凝土相对压区高度、塑性铰区混凝土约束程度等。

（一）框架梁的最小截面尺寸

框架梁的截面尺寸应满足三方面的要求：承载力要求、构造要求、剪压比限值。

1. 构造要求

框架主梁的截面高度可按（1/10～1/18）l（主梁计算跨度）确定，满足此要求时，在一般荷载作用下，可不验算挠度。在地震作用下，梁端塑性铰区混凝土保护层容易剥落。如果梁截面宽度过小则截面损失比例较大，故一般框架梁宽度不宜小于200mm。为了对节点核心区提供约束以提高节点受剪承载力，梁宽不宜小于柱宽的1/2。狭而高的梁不利于混凝土约束，也会在梁刚度降低后引起侧向失稳，故梁的高宽比不宜大于4。另外，梁的塑性铰区发展范围与梁的跨高比有关，当跨高比小于4时，属于短梁，在反复弯剪的作用下，斜裂缝将沿梁全长发展，从而使梁的延性和承载力急剧降低，所以梁净跨与截面高度之比不宜小于4。

2. 剪压比限值

梁端塑性铰区的截面剪应力大小对梁的延性、耗能及保持梁的刚度和承载力有明显影响。根据反复荷载下配箍率较高的梁剪切试验资料，其极限剪压比平均值约为0.24。当剪压比大于0.30时，即使增加配箍，也容易发生斜压破坏。剪压比限值主要是防止发生剪切斜压破坏，其次是限制使用荷载下斜裂缝的宽度，也是梁的最大配箍条件。

(二) 框架梁的混凝土受压区的限制

控制框架梁混凝土受压区的目的是控制塑性铰区纵向受拉钢筋的最大配筋率。试验表明，当纵向受拉钢筋配筋率很高时，梁受压区的高度相应加大，截面上受到的压力也大，梁的变形能力随截面混凝土受压区相对高度的增大而减小。

为防止框架梁因过高的配筋率而不能满足延性的要求，对梁的混凝土受压区高度应根据不同抗震等级加以限制，受压区高度小则有利于提高梁的延性。另外，梁端截面上纵向受压钢筋与纵向受拉钢筋保持一定的比例，对梁的延性也有较大的影响。原因是：一定的受压钢筋可以减小混凝土受压区高度；在地震作用下，梁端可能会出现正弯矩，如果梁底面钢筋过少，梁下部破坏严重，也会影响梁的承载力和变形能力。因此，梁端部截面必须配置一定的受压钢筋用以提高梁的截面延性。

增大受拉钢筋的配筋率，相对受压区高度增大；增大受压钢筋的配筋率，相对受压区高度减小。因此，为实现延性钢筋混凝土梁，应限制梁端塑性铰区上部受拉钢筋的配筋率，同时必须在梁端下部配置一定量的受压钢筋，以减小框架梁端塑性铰区截面的相对受压区高度。梁跨中截面受压区高度控制与非抗震设计时相同。抗震设计时，梁端截面的底面和顶面纵向钢筋截面面积应满足一定的比例，一方面是为了保证塑性铰区有足够的延性，另一方面是考虑地震作用可能引起受力方向的改变。

(三)框架梁斜截面抗剪承载力的验算

梁的受剪承载力由混凝土和抗剪钢筋两部分组成。试验研究表明，在低周反复荷载作用下，构件上出现两个不同方向的交叉斜裂缝，直接承受剪力的混凝土受压区因有斜裂缝通过，其受剪承载力比一次加载时的受剪承载力要低，梁的受压区混凝土不再完整，斜裂缝的反复张开与闭合使骨料咬合作用下降，严重时混凝土将剥落。根据试验资料，反复荷载下梁的受剪承载力比静载下低 20%~40%。因此，抗震设计时，框架梁、柱、剪力墙和连梁等构件的斜截面混凝土受剪承载力取非抗震设计时混凝土相应受剪承载力的 0.6，同时应考虑相应的承载力抗震调整系数，并且要满足强剪弱弯的要求，因此在抗震设计和非抗震设计时抗剪承载力有所不同。

(四)框架梁构造要求

承受地震作用的框架梁除了保证必要的受弯和受剪承载力，更重要的是要具有较好的延性，使梁端塑性铰得到充分开展，以增加变形能力，耗散地震能量。试验和理论分析表明，影响梁截面延性的主要因素有梁的截面尺寸、纵向钢筋配筋率、剪压比、配箍率、钢筋和混凝土的强度等级等。

1. 框架梁配筋率限制

限制梁纵向受力钢筋最大配筋率是为防止截面发生脆性的混凝土受压区破坏(超筋梁破坏)，而最小配筋率要求则是为了防止截面承载力过小而发生的钢筋拉断的破坏(少筋梁破坏)。

2. 纵向钢筋的配置

在地震作用效应与竖向荷载效应组合下，框架梁的弯矩分布和反弯点位置可能发生较大变化，故需配置一定数量贯通全长的纵向钢筋。为保持梁有一定的承载能力，沿梁全长顶面和底面应至少各配置两根纵向钢筋，一、二级抗震设计时钢筋直径不应小于14mm，且分别不应小于梁两端顶面和底面纵向配筋中较大截面面积的1/4；三、四级抗震设计和非抗震设计时钢筋直径不应小于12mm。

一、二级抗震等级的框架梁内贯通中柱的每根纵向钢筋的直径，对于矩形截面柱，不宜大于柱在该方向截面尺寸的1/20；对于圆形截面柱，不宜大于纵向钢筋所在位置柱截面弦长的1/20。

3. 箍筋的配置

（1）梁端加密区的配箍：在框架梁端可能出现塑性铰的区域，由于受到反复作用和截面较大的转动变形，应加强对该处混凝土的约束，同时可提高梁的变形能力，增加延性。

（2）抗震设计时，框架梁的箍筋设置如下：

① 当梁截面宽度大于400mm且一层内的纵向受压钢筋多于3根时，或当梁截面宽度不大于400mm但一层内的纵向受压钢筋多于4根时，应设置复合箍筋。

② 第一个箍筋应设置在距支座边缘50mm处。

③ 在箍筋加密区范围内的箍筋肢距：一级不宜大于200mm和20倍箍筋直径的较大值，二、三级不宜大于250mm和20倍箍筋直径的较大值，四级不宜大于300mm。

④ 箍筋应有135°弯钩，弯钩端头直段长度不应小于10倍的箍筋直径和75mm的较大值。

⑤ 在纵向钢筋搭接长度范围内的箍筋间距：钢筋受拉时不应大于搭接钢筋较小直径的5倍，且不应大于100mm；钢筋受压时不应大于搭接钢筋较小直径的10倍，且不应大于200mm。

⑥ 框架梁非加密区箍筋最大间距不宜大于加密区箍筋间距的2倍。

4. 梁筋锚固

在反复荷载作用下，钢筋与混凝土的黏结强度将发生退化，梁筋锚固破坏是常见的脆性破坏形式之一。锚固破坏将大大降低梁截面后期受弯承载力和节点刚度。梁筋的锚固方式一般有两种：直线锚固和弯折锚固。在中柱常用直线锚固，在边柱常用90°弯折锚固。

试验表明，直线筋的黏结强度主要与锚固长度、混凝土抗拉强度和箍筋数量等因素有关，也与反复荷载的循环次数有关。反复荷载下黏结强度退化率约为0.75。因此，可在单调加载的受拉筋最小锚固长度的基础上增加一个附加锚固长度，以满足抗震要求。弯折锚固可分水平锚固段和弯折锚固段两部分。试验表明，弯折筋的主要持力段是水平段，只是到加载后期，水平段发生黏结破坏、钢筋滑移量相当大时，锚固力才转移由弯折段承担。

5. 高层框架梁宜采用直钢筋，不宜采用弯起钢筋

当梁扣除翼板厚度后的截面高度大于或等于450mm时，在梁的两侧面沿高度各配置梁扣除翼板后截面面积的0.1%的纵向构造钢筋，其间距不应大于200mm，纵向构造钢筋的直径宜偏小取用，其长度贯通梁全长，伸入柱内长度按受拉锚固长度，如接头应按受拉搭接长度考虑。梁两侧纵向构造钢筋宜用拉筋连接，拉筋直径一般与箍筋相同，当箍筋直径大于10mm时，拉筋直径可采用10mm，拉筋间距为非加密区箍筋间距的2倍。

三、高层建筑框架柱的设计

柱是框架的主要受力构件，承受压、弯、剪的复合作用，有弯曲破坏、剪切破坏和小偏压破坏等多种破坏形式。在国内外历次大地震中，由于钢筋混凝土柱破坏造成的震害有很多，房屋是否能够坏而不倒，很大程度上与柱的延性好坏有关。框架柱的破坏一般发生在柱的上下端。由于在地震作用下柱端弯矩最大，因此常在柱端出现水平或斜向裂缝，严重的柱端混凝土被压碎，钢筋压曲。震害表明，角柱的破坏比中柱和边柱严重，这是因为角柱在两个主轴方向的地震作用下为双向偏心受压构件，并受有扭矩的作用，而设计时往往对此考虑不周。短柱的剪切破坏在地震中是十分普遍的，其破坏是脆性的。

为了保证延性，要防止脆性的剪切破坏，也要避免几乎没有延性的小偏压破坏。

(一) 影响框架柱延性的主要因素

1. 剪跨比

由试验可知，影响钢筋混凝土柱破坏形态的主要因素是剪跨比。剪跨比 λ 是反映柱截面承受的弯矩和剪力相对大小的一个参数。

剪跨比 $\lambda>2$ 时，称为长柱，一般会出现弯曲破坏，但是仍需配足够的箍筋。

剪跨比 $1.5 \leqslant \lambda \leqslant 2$ 时，称为短柱，多数会出现剪切破坏。当提高混凝土强度等级或配有足够的箍筋时，可能出现具有一定延性的剪切破坏。

剪跨比 $\lambda<1.5$ 时，称为极短柱，一般会发生脆性的剪切斜拉破坏，抗震性能不好，设计时应当尽量避免这种极短柱。

考虑到框架柱中反弯点大都接近中点，为设计方便，常常用柱的长细比近似表示剪跨比的影响。

2. 轴压比

轴压比也是影响钢筋混凝土柱破坏形态和延性的一个重要参数，柱的位移延性比随轴压比的增大而急剧下降。构件破坏时的轴压比实际上反映了偏心受压构件的破坏特征。轴压比加大意味着截面上名义压区高度 x 增大。相对受压区高度超过界限值 (平衡破坏) 时就成为小偏压破坏。对于短柱，增大相对受压区高度可能由剪切受压破坏变为更加脆性的剪切受拉破坏。相对受压区高度的界限值可以按照平衡破坏的条件计算，纵筋为 HRB335 级和 HRB400 级热轧钢筋、混凝土强度等级不大于 C50 的柱的相对受压区高度界限值分别为 0.550 和 0.518。试验表明，轴压比越大，塑性变形段越短，延性下降越快，耗能能力下降越快，承载能力下降越快。

3. 箍筋配筋率

框架柱的破坏除因压弯强度不足引起的柱端水平裂缝外，较为常见的震害是，由于箍筋配置不足或构造不合理，柱身出现斜裂缝，柱端混凝土被压碎，节点斜裂或纵筋弹出。框架柱的箍筋有三个作用：抵抗剪力，对混凝土提供约束，防止纵筋压屈。箍筋对混凝土的约束程度是影响柱的延性和耗能能力的主要因素之一。约束程度与箍筋的抗拉强度和数量有关，与混凝土强度有关，同时还与箍筋的形式、轴压比有关。

理论分析和试验表明，柱中箍筋对核心混凝土起着有效的约束作用，箍筋约束限制了核心混凝土的横向变形，使核心混凝土处于三向受压的状态，可显著提高受压混凝土的极限应变值，混凝土的轴心抗压强度得到提高，同时，轴心受压应力－应变曲线的下降段趋于平缓，阻止柱身斜裂缝的开展，从而大大地提高柱的延性。为此，对柱的各个部位合理地配置箍筋是十分必要的。例如，在柱端塑性铰区适当地加密箍筋，对提高柱的变形能力是十分有利的。

(二) 框架柱的最小截面尺寸

框架柱的最小截面尺寸由以下三个条件决定：最小构造要求、轴压比要求和抗剪截面最小尺寸（剪压比）。

1. 构造要求

（1）对于矩形截面柱的边长，非抗震设计、四级或不超过 2 层时不小于 300 mm，一、二、三级且超过 2 层时不小于 400mm；对于圆截面柱的直径，非抗震设计、四级或不超过 2 层时不小于 350mm，一、二、三级且超过 2 层时不小于 450mm。

（2）不宜采用短柱，柱剪跨比宜大于 2。

（3）柱截面高宽比不宜大于 3。

2. 柱的轴压比限制

轴压比是影响柱子破坏形态和延性的主要因素之一。柱的轴压比越大，混凝土承担的轴压力越大，则越容易引起混凝土的压溃，而发生脆性破坏，其延性越差。试验表明，柱的位移延性随轴压比增大而急剧下降。尤其在高轴压比条件下，箍筋对柱的变形能力的影响越来越不明显。由于轴压比的不同，柱将呈现两种破坏形态，即混凝土压碎而受拉钢筋并未屈服的小偏心受压破坏和受拉钢筋首先屈服但具有较好延性的大偏心受压破坏。框架柱的抗震设计一般应控制在大偏心受压破坏范围，因此抗震设计时为了保证柱的延性，提高框架的抗震性能，应限制柱的轴压比。轴压比限值见表 2-1 所示。

表 2-1　柱轴压比限值

结构类型	抗震等级			
	一级	二级	三级	四级
框架	0.65	0.75	0.85	0.9
板柱－剪力墙、框架－剪力墙、框架－核心筒、筒中筒	0.75	0.85	0.90	0.95
部分框支剪力墙	0.60	0.70	－	－

注：① 表内数值适用于混凝土强度等级不高于 C60 的柱。当混凝土强度等级为 C60～C70，轴压比限值应比表中数值降低 0.05；混凝土强度等级为 C75～C80 时，轴压比限值应比表中数值降低 0.10。

② 表内数值适用于剪跨比大于 2 的柱。剪跨比不大于 2 但不小于 1.5 的柱，其轴压比限值应比表中数值减小 0.05；剪跨比小于 1.5 的柱，其轴压比限值应专门研究并采取特殊构造措施。

③ 当沿柱全高采用井字复合签，钢筋间距不大于 100mm 间肢距不大于 200mm、直径不小于 12mm 时，柱轴压比限值可增加 0.10；当沿柱全高采用复合螺旋箱，钢筋螺距不大于 100mm、肢距不大于 200mm、直径不小于 12mm 时，柱轴压比限值可增加 0.10；当沿柱全高采用连续复合螺旋差，且螺距不大于 80mm、肢距不大于 200mm、直径不小于 10mm 时，轴压比限值可增加 0.10。

④ 当柱截面中部设置由附加纵向钢筋形成的芯柱，且附加纵向钢筋的总面积不少于柱截面面积的 0.8% 时，其轴压比限值可按表中数值增加 0.05。当本项措施与第 ③ 项措施同时采用时，柱轴压比限值可比表中数值增加 0.15，但箍筋的配箍特征值仍可按轴压比增加 0.10 的要求确定。

⑤ 柱轴压比限值不应大于 1.05。

3. 柱的剪压比限制

柱截面上平均剪应力与混凝土轴心抗压强度设计值之比称为柱的剪压比，在一定范围增加箍筋可以提高构件的受剪承载力。但作用在构件上的剪力最终要通过混凝土来传递。如果剪压比过大，混凝土就会过早地产生脆性破坏，而箍筋不能充分发挥作用。限制柱的剪压比是为了防止构件截面剪应力太大，在箍筋屈服前，混凝土过早地发生剪切破坏。限制柱的剪压比也就是限制柱的截面最小尺寸。如果截面尺寸过小，则可能在使用阶段出现斜裂缝并且宽度较大，影响使用效果，同时截面容易发生斜压破坏。

（三）柱斜截面承载力验算

框架柱的抗剪是由混凝土和箍筋共同承担的。试验证明，在反复荷载下，框架柱的斜截面破坏有斜拉、斜压和剪压等几种破坏形态。当配箍率能满足一定要求时，可防止斜拉破坏；当截面尺寸满足一定要求时，可防止斜压破坏。而对于剪压破坏，则应通过配筋计算来防止。

研究表明，影响框架柱受剪承载力的主要因素除混凝土强度外尚有剪跨比、轴压比和配箍特征值等。剪跨比越大，受剪承载力越低。试验表明，轴压力在一定范围内对柱的抗剪起着有利作用，它能阻滞斜裂缝的出现和开展，有利于骨料咬合，能增加混凝土剪压区的高度，从而提高混凝土抗剪能力。但是，轴压力对柱抗剪能力的提高是有限度的。当轴压比为 0.3 ~ 0.5 时，构件的抗剪能力达到最大值，再增大轴压力，混凝土内部将产生微裂缝，则会降低构件的抗剪能力。在一定范围内，配箍越多，受剪承载力也会提高。在反复荷载下，截面上混凝土反复开裂和剥落，混凝土咬合作用有所削弱，这将引起构件受剪承载力的降低。与单调加载相比，在反复荷载下的构件受剪承载力要降低 10% ~ 30%。

由地震引起的建筑结构扭转会使角柱地震作用效应明显增大，故应对角柱的地震作用效应予以调整。一、二、三级框架的角柱经过上述调整后的组合剪力设计值尚应乘不小于 1.10 的增大系数。在长柱中，按照强剪弱弯要求计算得到的箍筋数量只需配置在柱端塑性铰区，即箍筋加密区，柱其余部分的钢箍按内力组合剪力计算得到。在短柱中，由于出现剪切破坏的可能性大，对抗震十分不利，因此按照强剪弱弯要求计算得到的箍筋数量应在柱全高配置。在其他情况下，设计剪力取内力组合所得的最大剪力。

（四）框架柱的构造要求

1. 截面尺寸

（1）对于矩形截面柱的边长，非抗震设计时不宜小于 250mm，抗震设计时不宜小于 300mm；圆柱截面直径不宜小于 350mm。

（2）不宜采用短柱，柱剪跨比宜大于 2。

（3）柱截面高宽比不宜大于 3。

2. 轴压比限值

如果轴压比过高，混凝土承担的轴压力过大，则容易引起混凝土的压溃，而发生脆性破坏，因此抗震设计时框架柱的轴压比应小于一定的限值。对于 Ⅳ 类场地上较高的高层建筑，其轴压比限值应适当减小。

3. 纵向钢筋的配置

（1）抗震设计时，宜采用对称配筋，截面尺寸大于 400mm 的柱，其纵向钢筋间距不宜大于 200mm；非抗震设计时，柱纵向钢筋间距不应大于 350mm；柱纵向钢筋净距均不应小于 50mm。

（2）根据国内外柱的试验资料，发现柱屈服位移角大小主要受受拉钢筋配筋率支配，并且大致随配筋率线性增大。为了改善框架柱的延性，避免地震作用下柱过早进入屈服，使柱的屈服弯矩大于其开裂弯矩，保证框架在柱屈服时具有较大的变形能力，总配筋率按柱截面中全部纵向钢筋的面积与截面面积之比计算。同时，柱截面每一侧配筋率不应小于 0.2%。

（3）框架柱纵向钢筋的最大总配筋率也应受到控制。过大的配筋率易产生黏结开裂破坏并降低柱的延性。框架柱中全部纵向受力钢筋配筋率不应大于 5%；按一级抗震等级设计，且柱的剪跨比不大于 2 时，柱一侧纵向受拉钢筋配筋率不宜大于 1.2%；边柱、角柱及剪力墙端柱在地震作用组合产生小偏心受拉时，柱内纵筋总截面面积比计算值增加 25%；柱纵向钢筋的绑扎接头避开柱端的箍筋加密区。当柱一侧纵向受拉钢筋配筋率大于 1.2% 时，其沿柱全长箍筋最小配箍特征值应增加 0.015。截面尺寸大于 400mm 的柱，纵向钢筋的间距不宜大于 200mm。

（4）现浇框架柱纵向钢筋的接头与锚固应满足下列要求：

① 框架柱的纵向钢筋：一、二级抗震等级和三级抗震等级的底层宜采用机械接头，三级抗震等级的其他部位和四级抗震等级也可采用搭接或焊接接头，框支柱宜采用机械接头。

② 搭接长度：柱纵向钢筋接头位置宜避开柱端箍筋加密区。受力钢筋机械连接接头的位置宜相互错开，当钢筋机械连接接头位于大于 35d（d 为纵筋直径）的范围内时，应视为处于同一连接区段内。在受力最大处，处于

同一连接区段内的受力钢筋接头面积百分率不应超过50%。

受力钢筋的焊接接头应相互错开。当钢筋的焊接接头长度位于不大于35d且不大于500mm的范围时，应视为位于同一连接区段内。位于同一连接区段内受拉钢筋的焊接接头面积百分率不应大于50%，受压钢筋的接头面积百分率可不作限制。框架顶层柱的纵向钢筋应锚固在柱顶或梁、板内。顶层中间节点柱钢筋及顶层端节点内侧柱钢筋可用直线方式锚入节点，其锚固长度不应小于l_{aE}，但柱钢筋必须伸至柱顶；当锚固长度不足时，柱钢筋应伸至柱顶并向节点内水平弯折。当楼盖为现浇且板的混凝土强度等级不低于C20，板厚不小于80 mm时，亦可向外弯折。柱钢筋锚固段弯折前的垂直投影长度不应小于$0.45l_{aE}$，向内弯折和向外弯折时水平投影长度均不应小于12d，且伸出柱边的长度不应小于250mm。

4. 箍筋的构造要求

(1) 柱端箍筋加密区：

根据震害调查，框架柱的破坏主要集中在柱端1.0~1.5倍柱截面高度范围内。试验表明，当箍筋间距小于6~8倍柱纵筋直径时，在受压混凝土压溃之前，一般不会出现钢筋压曲现象。柱端可能出现塑性铰的区域应加密配箍，以加强对该处混凝土的约束。

① 柱端取截面高度（圆柱直径）、柱净高的1/6和500mm三者的最大值。

② 底层柱、柱根不小于柱净高的1/3。

③当有刚性地面时，除柱端外尚应取刚性地面上、下各500mm。

④ 剪跨比不大于2的柱、框支柱、一级和二级抗震等级框架的角柱以及需要提高变形能力的柱，取全高。

(2) 柱端箍筋加密区的箍筋间距和直径：

抗震设计时，加密区的箍筋间距和直径应符合下列要求：二级框架柱的箍筋直径不小于 φ10时，最大间距可采用150mm；三级框架柱的截面尺寸不大于400mm时，箍筋最小直径可采用 φ6；四级框架柱剪跨比不大于2时，箍筋直径不宜小于 φ8；框支柱和剪跨比不大于2的柱，箍筋间距不应大于100mm。

(3) 柱端箍筋的体积配筋率：

① 柱中箍筋对混凝土的约束作用对其承载力及抵抗地震的反复作用有

着重要影响，体积配箍率也是箍筋约束程度的重要标志。

② 试验资料表明，在满足一定位移的条件下，约束箍筋的用量随轴压比的增大而增加，大致呈线性关系。因此，轴压比较大时，体积配箍率必须加大，而配箍形式不同引起对混凝土约束程度的差别也必须考虑。

柱箍筋加密区箍筋的最小体积配筋率应符合下列要求：一、二、三、四级分别不应小于0.8%、0.6%、0.4% 和 0.4%，计算复合箍（指由矩形与菱形、多边形、圆形或拉筋组成的箍筋）的体积配箍率时，应扣除重叠部分的箍筋体积。

③ 剪跨比不大于2的柱宜采用复合螺旋箍或井字复合箍，其体积配箍率不应小于1.2%；设防烈度为9度时，不应小于1.5%。

④ 计算复合螺旋箍筋的体积配箍率时，其非螺旋箍筋的体积应乘换算系数0.8。

(4) 抗震设计时，柱的箍筋设置：

① 箍筋应为封闭式，其末端应做成135° 弯钩且弯钩末端平直段长度不应小于10倍的箍筋直径，且不应小于75mm。

② 为了有效地约束混凝土以阻止其横向变形和防止纵筋压曲，对于柱加密区的箍筋肢距，一级不宜大于200mm，二、三级不宜大于250mm 和 20倍箍筋直径的较大值，四级不宜大于300mm。每隔一根纵向钢筋宜在两个方向有箍筋约束；采用拉筋组合箍时，拉筋宜紧靠纵向钢筋并勾住封闭箍。

③ 考虑到柱在其层高范围内剪力值不变及可能的扭转影响，为避免非加密区抗剪能力突然降低很多而造成柱中段剪切破坏，《建筑抗震设计标准(2024 年版)》(GB/T 50011-2010) 规定，柱非加密区的箍筋，其体积配箍率不宜小于加密区的一半；其箍筋间距不应大于加密区箍筋间距的2倍，且一、二级不应大于10倍纵向钢筋直径，三、四级不应大于15倍纵向钢筋直径。

(5) 非抗震设计时，柱的箍筋设置：

① 周边箍筋应为封闭式。

② 箍筋间距不应大于400mm，且不应大于构件截面的短边尺寸和最小纵向受力钢筋直径的15倍。

③ 箍筋直径不应小于最大纵向钢筋直径的1/4，且不应小于6mm。

④ 当柱中全部纵向受力钢筋的配筋率超过 3% 时，箍筋直径不应小于 8mm，箍筋间距不应大于最小纵向钢筋直径的 10 倍，且不应大于 200mm；箍筋末端应做成 135° 弯钩且弯钩末端平直段长度不应小于 10 倍箍筋直径。

⑤ 当柱每边纵筋多于 3 根时，应设置复合箍筋（可采用拉筋）。

⑥ 柱内纵向钢筋采用搭接做法时，搭接长度范围内箍筋直径不应小于搭接钢筋较大直径的 0.25 倍；在纵向受拉钢筋的搭接长度范围内的箍筋间距不应大于搭接钢筋较小直径的 5 倍，且不应大于 100mm；在纵向受压钢筋的搭接长度范围内的箍筋间距不应大于搭接钢筋较小直径的 10 倍，且不应大于 200mm。当受压钢筋直径大于 25mm 时，尚应在搭接接头端面外 100mm 的范围内各设置两道箍筋。

（6）箍筋形式：

箍筋最小配箍特征值除与柱抗震等级和轴压比有关外，还与箍筋形式有关。普通箍筋只能在四个转角区域对混凝土产生有效的约束，在直段上，混凝土对箍筋的侧压力使钢箍外鼓，从而减小了约束作用。螺旋箍筋或环形箍可产生对混凝土核心均匀的侧压力，约束效果提高。复式箍的无支长度大大减小，在侧压力下，箍筋的变形随之减小，约束效果可以提高。此外，还应注意复式箍的拐角处必须配有纵向钢筋，箍筋与纵筋实际上形成网格状才能使约束混凝土的作用进一步提高。井式复合箍、螺旋箍、复合螺旋箍、连续复合螺旋箍等形式对混凝土具有较好的约束性能，因此其配箍特征值可比普通箍筋低一些。

5. 箍筋焊接

考虑到将箍筋与纵筋焊在一起会使纵筋变脆，同时每个箍筋都要求焊接，费时费工，增加造价，对质量无益反而有害，因此不论抗震与非抗震设计，箍筋只需做成带 135° 弯钩的封闭箍，箍筋末端的直段长度不小于 10d，不需焊成封闭箍。

四、高层建筑框架节点的设计

节点的"质量"是决定框架受力特点的主要因素。在抗震设防区，延性框架的设计除了梁、柱构件具有足够的强度和延性之外，还必须保证框架节点的延性。框架节点的受力比较复杂，但主要是承受剪力和压力的组合作用，只有防止节点过早地出现剪切和压缩的脆性破坏，梁柱构件的延性设计才有实际意义。震害调查表明，框架节点破坏主要是由于节点核心区箍筋数量不足，在剪力和压力共同作用下节点核心区混凝土出现斜裂缝，箍筋屈服甚至被拉断，柱的纵向钢筋被压曲引起的。因此，为了防止节点核心区发生剪切破坏，必须保证节点核心区混凝土的强度和配置足够数量的箍筋。

根据强节点的设计要求，框架节点的设计准则是：节点的承载力不应低于其连接构件（梁、柱）的承载力；多遇地震时，节点应在弹性范围内工作；罕遇地震时，节点承载力的降低不得危及竖向荷载的传递；节点配筋不应使施工过分困难。

(一) 节点核心区设计剪力

由强节点的设计要求，节点区应能抵抗当节点区两边梁端出现塑性铰时的剪力，该剪力称为节点区设计剪力。作用于节点的剪力来源于梁柱纵向钢筋的屈服甚至超强。对于强柱型节点，水平剪力主要来自框架梁，也包括一部分现浇板的作用。

(二) 节点剪压比的控制

节点核心区截面的抗震验算是按箍筋和混凝土共同抗剪考虑的。当剪压比较高时，斜压力使混凝土破坏先于箍筋，两者不能同时发挥作用，因而不能提高其受剪承载力。但节点核心周围一般都有梁的约束，抗剪面积实际比较大，故剪压比限值可适当放宽。设计时，为了使节点核心区的剪应力不至于过高，要避免过早地出现斜裂缝。

(三) 节点核心区截面受剪承载力的验算

试验表明，节点核心区混凝土初裂前，剪力主要由混凝土承担，箍筋应力很小；节点核心出现交叉斜裂缝后，剪力由箍筋和混凝土共同承担。影响受剪承载力的主要因素有柱轴向力、直交梁约束、混凝土强度和节点配箍情况等。试验表明，与柱相似，在一定范围内，随着柱轴向压力的增加，不仅能提高节点的抗裂度，而且能提高节点极限承载力。另外，垂直于框架平的直交梁如具有一定的截面尺寸，对核心区混凝土将具有明显的约束作用，而实质上是扩大了受剪面积，因而也提高了节点的受剪承载力。

(四) 框架梁柱节点的构造要求

构造要求是保证框架梁柱节点受力性能的重要环节。

1. 节点核心区的配箍要求

非抗震设计时，水平箍筋配置应符合柱的有关规定，但箍筋间距不宜大于250mm。对于四边有梁与之相连的节点，可仅沿节点周边设置矩形箍筋。抗震设计时，箍筋的最大间距和最小直径宜与柱端加密区的要求相符。一、二、三级框架节点核心区配箍特征值分别不宜小于0.12、0.10和0.08，且箍筋体积配箍率分别不宜小于0.6%、0.5%和0.4%。柱剪跨比不大于2的框架节点核心区的配箍特征值不宜小于核心区上、下柱端配箍特征值中的较大值。

2. 节点区钢筋的锚固与搭接

（1）非抗震设计时，节点区钢筋的锚固与搭接：

① 顶层中节点柱纵向钢筋和边节点柱内侧纵向钢筋应伸至柱顶；当从梁底边计算的直线锚固长度不小于 l_a 时，可不必水平弯折，否则应向柱内或梁、板内水平弯折，当充分利用柱纵向钢筋的抗拉强度时，其锚固段弯折前的竖直投影长度不应小于 $0.5l_a$，弯折后的水平投影长度不宜小于12倍的柱纵向钢筋直径。

② 顶层端节点处，在梁宽范围以内的柱外侧纵向钢筋可与梁上部纵向钢筋搭接，搭接长度不应小于 $1.5l_a$，在梁宽范围以外的柱外侧纵向钢筋可伸入现浇板内，其伸入长度与伸入梁内的相同。当柱外侧纵向钢筋的配筋率大于1.2%时，伸入梁内的柱纵向钢筋宜分两批截断，其截断点之间的距离不宜小于20倍的柱纵向钢筋直径。

③ 对于梁上部纵向钢筋伸入端节点的锚固长度，直线锚固时不应小于 l_a，且伸过柱中心线的长度不宜小于5倍的梁纵向钢筋直径；当柱截面尺寸不足时，梁上部纵向钢筋应伸至节点对边并向下弯折，锚固段弯折前的水平投影长度不应小于 $0.4l_a$，弯折后的竖直投影长度应取15倍的梁纵向钢筋直径。

④ 当计算中不利用梁下部纵向钢筋的强度时，其伸入节点内的锚固长

度应取不小于 12 倍的梁纵向钢筋直径。当计算中充分利用梁下部钢筋的抗拉强度时，梁下部纵向钢筋可采用直线方式或向上 90° 弯折方式锚固于节点内，直线锚固时的锚固长度不应小于 l_a；弯折锚固时，锚固段的水平投影长度不应小于 $0.4l_a$，竖直投影长度应取 15 倍的梁纵向钢筋直径。

(2) 抗震设计时，节点区钢筋的锚固与搭接：

由于受到地震作用以及因此引起的拉、压应力反复作用的影响，锚固作用退化，故框架梁和框架柱的纵向受力钢筋在节点区域的锚固与搭接比非抗震设计时要求更严。具体做法如下：

① 顶层中节点柱纵向钢筋和边节点柱内侧纵向钢筋应伸至柱顶；当从梁底边计算的直线锚固长度不小于 l_{aE} 时，可不必水平弯折，否则应向柱内或梁内、板内水平弯折，锚固段弯折前的竖直投影长度不应小于 $0.5l_{aE}$，弯折后的水平投影长度不宜小于 12 倍的柱纵向钢筋直径。

② 顶层端节点处，柱外侧纵向钢筋可与梁上部纵向钢筋搭接，搭接长度不应小于 $1.5l_{aE}$，且伸入梁内的柱外侧纵向钢筋截面面积不宜小于柱外侧全部纵向钢筋截面面积的 65%；在梁宽范围以外的柱外侧纵向钢筋可伸入现浇板内，其伸入长度与伸入梁内的相同。当柱外侧纵向钢筋的配筋率大于 1.2% 时，伸入梁内的柱纵向钢筋宜分两批截断，其截断点之间的距离不宜小于 20 倍的柱纵向钢筋直径。

③ 对于梁上部纵向钢筋伸入端节点的锚固长度，直线锚固时不应小于 l_{aE}，且伸过柱中心线的长度不应小于 5 倍的梁纵向钢筋直径；当柱截面尺寸不足时，梁上部纵向钢筋应伸至节点对边并向下弯折，锚固段弯折前的水平投影长度不应小于 $0.4l_{aE}$，弯折后的竖直投影长度应取 15 倍的梁纵向钢筋直径。

④ 梁下部纵向钢筋的锚固与梁上部纵向钢筋相同，但采用 90° 弯折方式锚固时，竖直段应向上弯入节点内。

第三章　剪力墙结构设计

第一节　剪力墙结构的受力特点和分类

一、剪力墙结构的受力特点和计算假定

在水平荷载作用下，悬臂剪力墙的控制截面是底层截面，所产生的内力是水平剪力和弯矩。墙肢截面在弯矩作用下产生下层层间相对侧移较小、上层层间相对侧移较大的"弯曲型变形"，在剪力作用下产生"剪切型变形"，这两种变形的叠加构成平面剪力墙的变形特征。通常根据剪力墙高宽比可将剪力墙分为高墙、中高墙和矮墙。在水平荷载下，随着结构高宽比的增大，由弯矩产生的弯曲型变形在整体侧移中所占的比例相应增大，一般高墙在水平荷载作用下的变形曲线表现为"弯曲型变形曲线"，而矮墙在水平荷载作用下的变形曲线表现为"剪切型变形曲线"。悬臂剪力墙可能出现的破坏形态有弯曲破坏、剪切破坏、滑移破坏。剪力墙结构应具有较好的延性，细高的剪力墙容易设计成弯曲破坏的延性剪力墙，以避免脆性的剪切破坏。在实际工程中，为了改善平面剪力墙的受力变形特征，常在剪力墙上开设洞口以形成连梁，使单肢剪力墙的高宽比显著提高，从而发生弯曲破坏。

剪力墙每个墙段的长度不宜大于8m，高宽比不应小于2。当墙肢很长时，可通过开洞将其分为长度较小的若干均匀墙段，每个墙段可以是整体墙，也可以是用弱连梁连接的联肢墙。

剪力墙结构由竖向承重墙体和水平楼板及连梁构成，整体性好。在竖向荷载作用下，按45°刚性角向下传力；在水平荷载作用下，每片墙体按其所提供的等效抗弯刚度大小来分配水平荷载。剪力墙的内力和侧移计算可简化为竖向荷载作用下的计算以及水平荷载作用下平面剪力墙的计算，并采用以下假定：

（1）竖向荷载在纵横向剪力墙平均按45°刚性角传力。

（2）按每片剪力墙的承荷面积计算它的竖向荷载，直接计算墙截面上的轴力。

（3）每片墙体结构仅在其自身平面内提供抗侧刚度，在平面外的刚度可忽略不计。

（4）平面楼盖在其自身平面内刚度无限大。当结构的水平荷载合力作用点与结构刚度中心重合时，结构不产生扭转，各片墙在同一层楼板标高处，侧移相等，总水平荷载按各片剪力墙刚度分配到每片墙。

（5）剪力墙结构在使用荷载作用下的构件材料均处于线弹性阶段。

其中，水平荷载作用下平面剪力墙的计算可按纵、横两个方向的平面抗侧力结构进行分析。当剪力墙结构在横向水平荷载作用下，只考虑横墙起作用，而略去纵墙作用；在纵向水平荷载作用下，则只考虑纵墙起作用，而略去横墙作用。此处略去是指将其影响体现在与它相交的另一方向剪力墙结构端部存在的翼缘上，将翼缘部分作为剪力墙的一部分来计算。

二、剪力墙结构的分类

在水平荷载作用下，剪力墙处于二维应力状态，严格地说，应该采用平面有限元方法进行计算。但在实用上，大都将剪力墙简化为杆系，采用结构力学的方法作近似计算。按照洞口大小和分布不同，剪力墙可分为下列几类，每一类的简化计算方法都有其适用条件：

(一) 整体墙和小开口整体墙

没有门窗洞口或只有很小的洞口，可以忽略洞口的影响。这种类型的剪力墙实际上是一个整体的悬臂墙，符合平面假定，正应力为直线规律分布，这种墙称为整体墙。当门窗洞口稍大一些，墙肢应力中已出现局部弯矩，但局部弯矩的值不超过整体弯矩的15%时，可以认为截面变形大体上仍符合平面假定，按材料力学公式计算应力，然后加以适当修正，这种墙称为小开口整体墙。

(二) 双肢剪力墙和多肢剪力墙

开有一排较大洞口的剪力墙为双肢剪力墙，开有多排较大洞口的剪力墙为多肢剪力墙。由于洞口开得较大，截面的整体性已经破坏，正应力分布较直线规律差别较大。其中，若洞口更大些，且连梁刚度很大，而墙肢刚度较弱，已接近框架的受力特点，此时也称为壁式框架。

（三）开有不规则大洞口的剪力墙

当洞口较大，而排列不规则时，这种墙不能简化为杆系模型计算，如果要较精确地知道其应力分布，只能采用平面有限元方法。以上剪力墙中，除整体墙和小开口整体墙基本上采用材料力学的计算公式外，其他的大体还有以下一些算法：

1. 连梁连续化的分析方法

此法将每一层楼层的连梁假想为分布在整个楼层高度上的一系列连续连杆，借助于连杆的位移协调条件建立墙的内力微分方程，通过解微分方程求得内力。

2. 壁式框架计算法

此法将剪力墙简化为一个等效多层框架。由于墙肢及连梁都较宽，在墙梁相交处形成一个刚性区域，在该区域，墙梁刚度无限大，因此该等效框架的杆件便成为带刚域的杆件。求解时，可用简化的 D 值法求解，也可采用杆件有限元及矩阵位移法借助计算机求解。

3. 有限元法和有限条法

将剪力墙结构作为平面或空间问题，采用网格划分为若干矩形或三角形单元，取结点位移作为未知量，建立各结点的平衡方程，用计算机求解。该方法对任意形状尺寸的开孔及任意荷载或墙厚变化都能求解，精度较高。

剪力墙结构外形及边界较规整，可将剪力墙结构划分为条带，即取条带为单元。条带间以结线相连，每条带沿 y 方向的内力与位移变化用函数形式表示，在 x 方向则为离散值。以结线上的位移为已知量，通过平衡方程借助计算机求解。

第二节 剪力墙结构内力及位移的近似计算

一、整体墙的近似计算

凡墙面门窗等开孔面积不超过墙面面积15%，且孔间净距及孔洞至墙边的净距大于孔洞长边尺寸时，可以忽略洞口的影响，将整片墙作为悬臂墙，按材料力学的方法计算内力及位移（计算位移时，要考虑洞口对截面面积及刚度的削弱）。

等效截面面积 A_q，取无洞的截面面积 A 乘洞口削弱系数 γ_0：

$$\left.\begin{array}{l} Aq = \gamma_0 A \\ \gamma_0 = 1 - 1.25\sqrt{A_d / A_0} \end{array}\right\} \tag{3-1}$$

式中：A——剪力墙截面毛面积；

A_d——剪力墙洞口总立面面积；

A_0——剪力墙立面总墙面面积。

计算位移以及后面与其他类型墙或框架协同工作计算内力时，由于截面较宽，宜考虑剪切变形的影响。

二、小开口整体墙的计算

小开口整体墙截面上的正应力基本上是直线分布，产生局部弯曲应力的局部弯矩不超过总弯矩的15%。此外，在大部分楼层上，墙肢不应有反弯点。从整体来看，它仍类似于一个竖向悬臂构件，小开口整体墙的内力和位移可近似按材料力学组合截面的方法计算，只需进行局部修正。

其他各层墙肢剪力可按材料力学公式计算截面的剪应力，各墙肢剪应力之合力即为墙肢剪力，或按墙肢截面面积和惯性矩比例的平均值分配剪力。当各墙肢较窄时，剪力基本上按惯性矩的大小分配；当墙肢较宽时，剪力基本上按截面面积的大小分配。实际的小开口整体墙各墙肢宽度相差较大按两者的平均值进行计算，当剪力墙多数墙肢基本均匀又符合小开口整体墙的条件，但小墙肢端部宜附加局部弯矩的修正时，则修正后的小墙肢弯矩为

$$M_i' = M_i + V_i \frac{h_i}{2} \tag{3-2}$$

式中：M_i'——修正后的小墙肢弯矩；

M_i——各墙肢承担的弯矩；

V_i——小墙肢 i 的墙肢剪力；

h_i——小墙肢洞口高度。

三、双肢墙的计算

对于双肢墙以及多肢墙，连续化方法是一种相对比较精确的手算方法，而且通过连续化方法可以清楚地了解剪力墙受力和变形的一些规律。连续化方法是把梁看成分散在整个高度上的连续连杆，该方法基于以下假定：忽略连梁轴向变形，即假定两墙肢水平位移完全相同；两墙肢各截面的转角和曲率都相等，连梁两端转角相等，连梁反弯点在中点；各墙肢截面各连梁截面及层高等几何尺寸沿全高是相同的。

由以上假定可知，连续化方法适用于开洞规则、由下到上墙厚及层高都不变的联肢墙。而实际工程中的剪力墙难免会有变化，如果变化不多，可取各层的平均值作为计算参数，但如果变化很不规则，则不能使用本方法。此外，层数越多，计算结果越好。对于低层和多层剪力墙，本方法计算误差较大。

按连续化方法计算得到联肢墙的水平位移、连梁剪力、墙肢轴力、墙肢弯矩沿高度的分布曲线，它们受整体系数 α 的影响，其特点如下：

（1）联肢墙的侧移曲线呈弯曲型，α 值越大，墙的抗侧移刚度越大，侧移减小。

（2）连梁最大剪力在中部某个高度处，向上、向下都逐渐减小。最大值的位置与参数 α 有关，α 值越大，连梁最大剪力的位置越接近底截面。此外，α 值增大时，连梁剪力增大。

（3）墙肢轴力即该截面上所有连梁剪力之和，当 α 值增大时，连梁剪力增大，墙肢轴力也增大。

（4）墙肢弯矩受 α 值的影响刚好与墙肢轴力相反，α 值越大，墙肢弯矩越小。

值得说明的是，连续化计算的内力沿高度分布是连续的。实际上连梁不是连续的，连梁剪力和连梁对墙肢的约束弯矩也不是连续的，在连梁与墙肢相交处，墙肢弯矩、墙肢轴力会有突变，形成锯齿形分布。连梁约束弯矩越大，弯矩突变（即锯齿）也越大，墙肢容易出现反弯点；反之，弯矩突变较小，此时在剪力墙很多层中墙肢都没有反弯点。剪力墙墙肢内力分布、侧移曲线形状与有无洞口或者连梁大小有很大关系。

① 悬臂墙弯矩沿高度都是一个方向，即没有反弯点，弯矩图为曲线，截面应力分布是直线（按材料力学规律，假定其为直线），墙为弯曲型变形。

② 联肢墙的内力及侧移与 α 值有关。大致可以分为 3 种情况：

第一种，当连梁很小、整体系数 $\alpha \leq 1$ 时，其约束弯矩很小而可以忽略，可假定其为铰接杆，则墙肢是两个单肢悬臂墙，每个墙肢弯矩图与应力分布和 ① 即悬臂墙相同。

第二种，当连梁刚度较大，$\alpha \geq 10$ 时，则截面应力分布接近直线。由于连梁约束弯矩而在楼层处形成锯齿形弯矩图，如果锯齿不太大，大部分层墙肢弯矩没有反弯点，剪力墙接近整体悬臂墙，截面应力接近直线分布，侧移曲线主要是弯曲型。

第三种，当连梁与墙肢相比刚度介于上面两者之间时，即 $1 < \alpha < 10$，为典型的联肢墙情况，连梁约束弯矩造成的锯齿较大，截面应力不再为直线分布，此时墙的侧移仍然主要为弯曲型。

从上面分析可知，根据墙整体系数 α 的不同，可以将剪力墙分为不同的类型进行计算：当 $\alpha \leq 1$ 时，可不考虑连梁的约束作用，各墙分别按单肢剪力墙计算；当 $\alpha \geq 10$ 时，可认为连梁的约束作用已经很强，可以按整体小开口墙计算；当 $1 < \alpha < 10$ 时，按双肢墙计算。

③ 当剪力墙开洞很大时，墙肢相对较弱，这种情况下的 α 值都较大（$\alpha \geq 10$），最极端的情况就是框架（把框架看成洞口很大的剪力墙），这时弯矩中各层"墙肢"（此时为框架结构中的柱）都有反弯点，原因就是连梁（此时为框架结构中的框架梁）相对于框架柱而言，其刚度较大，约束弯矩较大。从截面应力分布来看，墙肢拉、压力较大，两个墙肢的应力图相连几乎是一条直线。具有反弯点的构件会造成层间变形较大，当洞口加大而墙肢减细时，其变形向剪切型靠近，框架侧移主要就是剪切型。

由以上分析可知，剪力墙是平面结构，框架是杆件结构，两者似乎没有关系，但实际上，由剪力墙截面减小、洞口加大，则可能过渡到框架，其内力及侧移由量变到质变，框架结构与剪力墙结构内力的差别就很大了。

第三节　剪力墙结构的延性设计

一、剪力墙延性设计的原则

钢筋混凝土房屋建筑结构中，除框架结构外，其他结构体系都有剪力墙。剪力墙刚度大，容易满足风或小震作用下层间位移角的限值及风作用下的舒适度的要求；承载能力大；合理设计的剪力墙具有良好的延性和耗能能力。与框架结构一样，在剪力墙结构的抗震设计中，应尽量做到延性设计，保证剪力墙符合以下原则：连梁屈服先于墙肢屈服，使塑性铰变形和耗能分散于连梁中，避免因墙肢过早屈服使塑性变形集中在某一层而形成软弱层或薄弱层。侧向力作用下变形曲线为弯曲型和弯剪形的剪力墙，一般会在墙肢底部一定高度内屈服形成塑性铰，通过适当提高塑性铰范围及其以上相邻范围的抗剪承载力，实现墙肢强剪弱弯，避免墙肢剪切破坏。对于连梁，与框架梁相同，通过剪力增大系数调整剪力设计值，实现强剪弱弯。墙肢和连梁的连接等部位仍然应满足强锚固的要求，以防止在地震作用下节点部位的破坏，因此应在结构布置、抗震构造中满足相关要求，以达到延性设计的目的。

(一) 悬臂剪力墙的破坏形态和设计要求

悬臂剪力墙是剪力墙中的基本形式，是只有一个墙肢的构件，其设计方法是其他各类剪力墙设计的基础。可通过对悬臂剪力墙延性设计的研究，得出剪力墙结构延性设计的原则。悬臂剪力墙可能出现弯曲、剪切和滑移 (剪切滑移或施工缝滑移) 等多种破坏形态。

在正常使用及风荷载作用下，剪力墙应当处于弹性工作阶段，不出现裂缝或仅有微小裂缝。抗风设计的基本方法是按弹性方法计算内力及位移，限制结构位移并按极限状态方法计算截面配筋，满足各种构造要求。在地震作用下，先以小震作用按弹性方法计算内力及位移，进行截面设计；在中等地震作用下，剪力墙进入塑性阶段，剪力墙应当具有延性和耗散地震能量的能力。应当按照抗震等级进行剪力墙构造和截面验算，满足延性剪力墙的要求，以实现中震可修、大震不倒的设防目标。悬臂剪力墙是静定结构，只要有一个截面达到极限承载力，构件就会丧失承载能力。在水平荷载作用下，剪力墙的弯矩和剪力都在基底部位最大。基底截面是设计的控制截面。沿高度方向，在剪力墙断面尺寸改变或配筋变化的地方也是控制截面，均应进行正截面抗弯和斜截面抗剪承载力计算。

(二) 开洞剪力墙的破坏形态和设计要求

开洞剪力墙，或称联肢剪力墙，简称联肢墙，是指由连梁和墙肢构件组成的开有较大规则洞口的剪力墙。

开洞剪力墙在水平荷载作用下的破坏形态与开洞大小、连梁与墙肢的刚度及承载力等有很大的关系。当连梁的刚度及抗弯承载力大大小于墙肢的刚度和抗弯承载力，且连梁具有足够的延性时，则塑性铰先在连梁端部出现，待墙肢底部出现塑性铰以后，才能形成一定的机构。数量众多的连梁端部塑性铰在形成过程中既能吸收地震能量，又能继续传递弯矩和剪力，对墙肢形成的约束弯矩使剪力墙保持足够的刚度与承载力，墙肢底部的塑性铰也具有延性。这样的开洞剪力墙延性较好。

当连梁的刚度及承载力很大时，连梁不会屈服，这时开洞墙与整体悬臂墙类似，要靠底层出现塑性铰然后才破坏。只要墙肢不过早剪坏，则这种破坏仍然属于有延性的弯曲破坏，耗能集中在底层少数几个铰上。这样的破坏远不如前面的多铰机构抗震性能好。当连梁的抗剪承载力很小，首先受到剪切破坏时，会使墙肢失去约束而形成单独墙肢，与连梁不破坏的墙相比，墙肢中轴力减小，弯矩加大，墙的侧向刚度大大降低，如果能保持墙肢处于良好的工作状态，那么结构仍可继续承载，直到墙肢截面屈服才会形成机构。只要墙肢塑性铰具有延性，这种破坏就属于延性的弯曲破坏。

墙肢剪坏是一种脆性破坏，它没有延性或延性很小，它是由连梁过强而引起的墙肢破坏。当连梁刚度和屈服弯矩较大时，在水平荷载下墙肢内的轴力很大，造成两个墙肢轴力相差悬殊，在受拉墙肢出现水平裂缝或屈服后，塑性内力重分配的结果会使受压墙肢负担大部分剪力，如果设计时未充分考虑这一因素，会使该墙肢过早剪坏，延性减小。从上面的破坏形态分析可知，按照"强墙弱梁"原则设计开洞剪力墙，并按照强剪弱弯要求设计墙肢及连梁构件可以得到较为理想的延性剪力墙结构，它比悬臂剪力墙更为合理。如果连梁较强而形成整体墙，则要注意与悬臂墙相类似的塑性铰区的加强设计。如果连梁跨高比较大而可能出现剪切破坏，则要按照抗震结构"多道设防"的原则，即考虑连梁破坏后退出工作，按照几个独立墙肢单独抵抗地震作用的情况设计墙肢。开洞剪力墙在风荷载及小震作用下，按照弹性计算内力进行荷载组合后，再进行连梁及墙肢的截面配筋计算。

应当注意，沿房屋高度方向，内力最大的连梁不在底层。应选择内力最大的连梁进行截面和配筋计算，或沿高度方向分成几段，选择每段中内力最大的梁进行截面和配筋计算。沿高度方向，墙肢截面、配筋也可以改变，由底层向上逐渐减小，分成几段分别进行截面、配筋计算。开洞剪力墙的截面尺寸、混凝土等级、正截面抗弯计算，斜截面抗剪计算和配筋构造要求等都与悬臂墙相同。

（三）剪力墙结构平面布置

在剪力墙结构中，剪力墙宜沿主轴方向或其他方向双向布置：一般情况下，采用矩形、L形、T形平面时，剪力墙沿纵横两个方向布置；当平面为三角形、Y形时，剪力墙可沿3个方向布置；当平面为多边形、圆形和弧形平面时，剪力墙可沿环向和径向布置。剪力墙应尽量布置得比较规则、拉通、对直。抗震设计的剪力墙结构应避免仅单向有墙的结构布置形式。剪力墙墙肢截面宜简单、规则。剪力墙结构的侧向刚度不宜过大，否则会使结构周期过短，地震作用大，很不经济。另外，长度过大的剪力墙易形成中高墙或矮墙，由受剪承载力控制破坏形态，延性变形能力减弱，不利于抗震。

剪力墙的门窗洞口宜上下对齐，成列布置，形成明确的墙肢和连梁，应避免使墙肢刚度相差悬殊的洞口设置。抗震设计时，一、二、三级抗震等级剪力墙的底部和加强部位不宜采用错洞墙；一二、三级抗震等级的剪力墙均不宜采用叠合错洞墙。

同一轴线上的连续剪力墙过长时，可用细弱的连梁将长墙分成若干个墙段，每一个墙段相当于一片独立剪力墙，墙段的高宽比不应小于2。每一墙肢的宽度不宜大于8m，以保证墙肢受弯承载力控制，使靠近中和轴的竖向分布钢筋在破坏时能充分发挥其强度。在剪力墙结构中，如果剪力墙的数量太多，会使结构刚度和质量都太大，不仅材料用量增加而且地震力也增大，使上部结构和基础设计都困难。一般来说，采用大开间剪力墙（间距为6.0 ~ 7.2m）比小开间剪力墙（间距为3 ~ 3.9m）的效果更好。以高层住宅为例，小开间剪力墙的墙截面面积占楼面面积的8% ~ 10%，而大开间剪力墙可降至6% ~ 7%，有效降低了材料用量，增大了建筑使用面积。

可通过结构基本自振周期来判断剪力墙结构合理刚度，宜使剪力墙结构的基本自振周期控制在 $(0.05 \sim 0.06)N$（N 为层数）。

当周期过短、地震力过大时，宜加以调整。调整剪力墙结构刚度的方法如下：

（1）适当减小剪力墙的厚度。

（2）降低连梁高度。

（3）增大门窗洞口宽度。

（4）对较长的墙肢设置施工洞，分为两个墙肢。墙肢长度超过8m时，一般应由施工洞口划分为小墙肢。墙肢由施工洞分开后，如果建筑上不需要，可用砖墙填充。

(四) 剪力墙结构竖向布置

普通剪力墙结构的剪力墙应在整个建筑竖向连续，上要到顶，下要到底，中间楼层不要中断。剪力墙不连续会使结构刚度突变，对抗震非常不利。当顶层取消部分剪力墙而设置大房间时，其余的剪力墙应在构造上予以加强；当底层取消部分剪力墙时，应设置转换楼层，并按专门规定进行结构设计。

为避免刚度突变，剪力墙的厚度应逐渐改变，每次厚度以减小50 ~ 100mm 为宜，以使剪力墙刚度均匀连续改变。同时，厚度改变和混凝土强度等级改变宜按楼层错开。为减少上、下剪力墙结构的偏心，一般情况下，剪力墙厚度宜两侧同时内收。外墙为保持外墙面平整，可只在内侧单面内收；电梯井因安装要求，可只在外侧单面内收。剪力墙相邻洞口之间以及洞口与墙边缘之间要避免小墙肢。试验表明，墙肢宽度与厚度之比小于3的小墙肢在反复荷载作用下，比大墙肢开裂早、破坏早，即使加强配筋，也难以防止小墙肢的早期破坏。在设计剪力墙时，墙肢宽度不宜小于$3b_w$（b_w为墙厚），且不应小于500mm。

二、墙肢设计

（一）内力设计值

非抗震和抗震设计的剪力墙应分别按无地震作用和有地震作用进行荷载效应组合，取控制截面的最不利组合内力或对其调整后的内力（统称为内力设计值）进行配筋设计。墙肢的控制截面一般取墙底截面以及改变墙厚、改变混凝土强度等级、改变配筋量的截面。

一级抗震墙的底部加强部位以上部位，墙肢的组合弯矩设计值应乘增大系数，其值可采用1.2，其剪力应相应作调整。在双肢抗震墙中，墙肢不宜出现小偏心受拉。此时混凝土开裂贯通整个截面高度，可通过调整剪力墙长度或连梁尺寸避免出现小偏心受拉的墙肢。剪力墙很长时，边墙肢拉（压）力很大，可人为加大洞口或人为开洞口，减小连梁高度而成为对墙肢约束弯矩很小的连梁。地震时，该连梁两端比较容易屈服形成塑性铰，从而将长墙分成长度较小的墙。在工程中，一般宜使墙的长度不超过8m。此外，减小连梁高度也可以减小墙肢轴力。

当任一墙肢为大偏心受拉时，另一墙肢的剪力设计值、弯矩设计值应乘增大系数1.25。当一个墙肢出现水平裂缝时，其刚度降低，由于内力重分布而剪力向无裂缝的另一个墙肢转移，使另一个墙肢内力加大。部分框支剪力墙结构的落地抗震墙墙肢不应出现小偏心受拉。

（二）正截面抗弯承载力

剪力墙属于偏心受压或偏心受拉构件。它的特点是：截面呈片状（截面高度远大于截面墙板厚度）；墙板内配有均匀的竖向分布钢筋，通过试验可知，这些分布钢筋都能参加受力，对抵抗弯矩有一定作用，计算中应加以考虑。但是由于竖向分布钢筋都比较细（多数在 ϕ12 以下），容易产生压屈现象，所以计算时忽略受压区分布钢筋作用，使设计偏于安全。如有可靠措施防止分布筋压屈，也可在计算中计入其受压作用。与柱一样，墙肢也可根据破坏形态不同分为大偏压、小偏压、大偏拉和小偏拉4种情况。

（三）斜截面抗剪承载力

剪力墙受剪产生的斜裂缝有两种情况：一是由弯曲受拉边缘先出现水平裂缝，然后向倾斜方向发展成为斜裂缝；另一种是因腹板中部主拉应力过大，产生斜向裂缝，然后向两边缘发展。墙肢的斜截面剪切破坏一般有以下3种形态：

（1）剪拉破坏。剪跨比较大、无横向钢筋或横向钢筋很少的墙肢，可能发生剪拉破坏。斜裂缝出现后即形成一条主要的斜裂缝，并延伸至受压区边缘，使墙肢劈裂为两部分而破坏。竖向钢筋锚固不好时，也会发生类似破坏。剪拉破坏属于脆性破坏，应当避免。为避免这类破坏的主要措施是配置必需的横向钢筋。

（2）斜压破坏。斜裂缝将墙肢分割为许多斜的受压柱体，混凝土被压碎而破坏。斜压破坏发生在截面尺寸小、剪压比过大的墙肢。为防止斜压破坏，应加大墙肢截面尺寸或提高混凝土等级，以限制截面的剪压比。

（3）剪压破坏。这是较常见的墙肢剪切破坏形态。实体墙在竖向力和水平力共同作用下，出现水平裂缝或细的倾斜裂缝。随着水平力增加，出现一条主要斜裂缝，并延伸扩展。混凝土受压区减小，斜裂缝尽端的受压区混凝土在剪应力和压应力共同作用下破坏，横向钢筋屈服。

墙肢斜截面受剪承载力计算公式主要建立在剪压破坏的基础上。受剪承载力由两部分组成：横向钢筋的受剪承载力和混凝土的受剪承载力。作用在墙肢上的轴向压力加大了截面的受压区，提高受剪承载力；轴向拉力则对抗剪不利，可降低受剪承载力。计算墙肢斜截面受剪承载力时，应计入轴力的有利或不利影响。

在轴压力和水平力共同作用下，剪跨比不大于1.5的墙肢以剪切变形为主，在腹部出现斜裂缝，形成腹剪斜裂缝，裂缝部分的混凝土即退出工作。取混凝土出现腹剪斜裂缝时的剪力作为混凝土部分的受剪承载力偏于安全。剪跨比大于1.5的墙肢在轴压力和水平力共同作用下，在截面边缘出现的水平裂缝向弯矩增大方向倾斜，形成弯剪裂缝，可能导致斜截面剪切破坏。出现弯剪裂缝时混凝土所承担的剪力作为混凝土受剪承载力偏于安全，即只考虑剪力墙腹板部分混凝土的抗剪作用。试验表明，斜裂缝出现后，穿过斜裂缝的横向钢筋拉应力突然增大，说明横向钢筋与混凝土共同抗剪。在地震的反复作用下，抗剪承载力降低。

（四）水平施工缝的抗滑移验算

由于施工工艺要求，在各层楼板标高处都存在施工缝，施工缝可能形成薄弱部位，出现剪切滑移。抗震等级为一级的剪力墙，应防止水平施工缝处发生滑移。考虑了摩擦力有利影响后，要验算通过水平施工缝的竖向钢筋是否足以抵抗水平剪力。当已配置的端部和分布竖向钢筋不够时，可设置附加插筋，附加插筋在上、下层剪力墙中都要有足够的锚固长度。

（五）墙肢构造要求

1. 最小截面尺寸

墙肢的截面尺寸应满足承载力要求，同时还应满足最小墙厚要求和剪压比限值的要求。为保证剪力墙在轴力和侧向力作用下的平面外稳定，防止平面外失稳破坏以及有利于混凝土的浇筑质量，试验表明，墙肢截面的剪压比超过一定值时将过早出现斜裂缝，增加横向钢筋也不能提高其受剪承载力，很可能在横向钢筋未屈服时墙肢混凝土发生斜压破坏。为了避免这种破坏，应限制墙肢截面的平均剪应力与混凝土轴心抗压强度之比，即限制剪压比。

2. 分布钢筋

剪力墙内竖向和水平分布钢筋有单排配筋及多排配筋两种形式。

单排筋施工方便，在同样含钢率下，钢筋直径较粗。但当墙厚较大时，表面容易出现温度收缩裂缝。此外，在山墙及楼电梯间墙上，仅一侧有楼板，竖向力产生平面外偏心受压，在水平力作用下，垂直于力作用方向的剪力墙会产生平面外弯矩。在高层剪力墙中，不允许采用单排配筋。当抗震墙厚度大于140mm且不大于400mm时，其竖向和横向分布钢筋应双排布置；当抗震墙厚度大于400mm且不大于700mm时，其竖向和横向分布钢筋宜采用三排布置；当抗震墙厚度大于 700mm 时，其竖向和横向分布钢筋宜采用四排布置。竖向和横向分布钢筋的间距不宜大于 300mm，部分框支剪力墙结构的落地剪力墙底部加强部位，竖向和横向分布钢筋的间距不宜大于 200mm。竖向和横向分布钢筋的直径均不宜大于墙厚的 1/10 且不应小于 8mm，竖向钢筋直径不宜小于 10mm。

一、二、三级抗震等级的剪力墙中竖向和横向分布钢筋的最小配筋率均不应小于 0.25%，四级抗震等级的剪力墙中分布钢筋的最小配筋率不应小于 0.20%。对于高度小于 24m 且剪压比很小的四级抗震墙，其竖向分布钢筋的最小配筋率应允许采用 0.15%。部分框支剪力墙结构的落地剪力墙底部加强部位，其竖向和横向分布钢筋配筋率均不应小于 0.30%。分布钢筋间拉筋的间距不宜大于 600mm，直径不应小于 6mm，在底部加强部位，拉筋间距适当加密。

3. 轴压比限值

随着建筑高度增加，剪力墙墙肢的轴压力也增加。与钢筋混凝土柱相同，轴压比是影响墙肢抗震性能的主要因素之一，轴压比大于一定值后，延性很小或没有延性。必须限制抗震剪力墙的轴压比。

4. 底部加强部位

悬臂剪力墙的塑性铰通常出现在底截面。剪力墙下部高度范围内是塑性铰区，称为底部加强区。规范要求：底部加强区的高度从地下室顶板算起，房屋高度大于 24m 时，底部加强部位的高度可取底部两层和墙体总高度的 1/10 两者的较大值；房屋高度不大于 24m 时，底部加强部位可取底部一层（部分框支抗震墙结构的抗震墙，其底部加强部位的高度可取框支层加框支层以上两层的高度及落地抗震墙总高度的 1/10 两者的较大值），当结构计算嵌固端位于地下一层底板或以下时，底板加强部位宜延伸到计算嵌固端。

5. 边缘构件

剪力墙截面两端及洞口两侧设置边缘构件是提高墙肢端部混凝土极限压应变、改善剪力墙延性的重要措施。边缘构件分为约束边缘构件和构造边缘构件两类。约束边缘构件是指用箍筋约束的暗柱（矩形截面端部）、端柱和翼墙，其箍筋较多，对混凝土的约束较强，混凝土有比较大的变形能力；构造边缘构件的箍筋较少，对混凝土约束程度稍差。

剪力墙约束边缘构件阴影部分的竖向钢筋除应满足正截面受压（受拉）承载力要求外，一、二、三级时其配筋率分别不应小于 1.2%、1.0% 和 1.0%，并分别不应少于 8φ16、6φ16 和 6φ14 的钢筋。对于约束边缘钢筋内箍筋或拉筋沿竖向的间距：一级不宜大于 100mm，二、三级不宜大于 150mm；箍筋、拉筋沿水平方向的间距不宜大于 300mm，不应大于竖向钢筋间距的 2 倍。

除了要求设置约束边缘构件的各种情况，在高层建筑中剪力墙墙肢两端要设置构造边缘构件。构造边缘构件的配筋应满足正截面受压（受拉）承载力的要求，当端柱承受集中荷载时，其竖向钢筋、箍筋直径和间距应满足框架柱的相应要求。构造边缘构件中的箍筋、拉筋沿水平方向的肢距不宜大于 300mm，不应大于竖向钢筋间距的 2 倍。

三、连梁设计

剪力墙中的连梁通常跨度小而梁高较大，即跨高比较小。住宅、旅馆剪力墙结构中的连梁的跨高比常常小于 2.0，甚至不大于 1.0，在侧向力作用下，连梁与墙肢相互作用产生的约束弯矩与剪力较大，且约束弯矩和剪力在梁两端方向相反，这种反弯作用使梁产生很大的剪切变形，容易出现斜裂缝而导致剪切破坏。

按照延性剪力墙强墙弱梁要求，连梁屈服应先于墙肢屈服，即连梁先形成塑性铰耗散地震能量，此外，连梁还应当强剪弱弯，避免剪切破坏。一般剪力墙中，可采用降低连梁的弯矩设计值的方法，按降低后的弯矩进行配筋，可使连梁先于墙肢屈服和实现弯曲屈服。由于连梁跨高比小，很难避免斜裂缝及剪切破坏，必须采取限制连梁名义剪应力等措施推迟连梁的剪切破坏。对延性要求高的核心筒连梁和框筒裙梁可采用配置交叉斜筋、集中对角斜筋或对角暗撑等措施，改善连梁受力性能。

为了使连梁弯曲屈服，应降低连梁的弯矩设计值，方法是弯矩调幅。调幅的方法如下：

（1）在进行小震作用下的内力和位移计算时，通过折减连梁刚度，使连梁的弯矩、剪力值减小。设防烈度为 6 度、7 度时，折减系数不小于 0.7；8

度、9 度时，折减系数不小于 0.5。折减系数不能过小，以保证连梁有足够的承受竖向荷载的能力。

（2）按连梁弹性刚度计算内力和位移，将弯矩组合值乘折减系数。一般是将中部弯矩最大的一些连梁的弯矩调小（抗震设防烈度为 6 度、7 度时，折减系数不小于 0.8；8 度、9 度时，不小于 0.5），其余部位的连梁和墙肢弯矩设计值则应相应地提高，以维持静力平衡。

第四章　建设工程设计阶段工程造价控制

第一节　工程设计及影响工程造价的因素

一、设计阶段的划分及设计程序

为保证工程建设及设计工作的衔接和有机配合，将工程设计划分为几段进行。工业项目和民用项目的内容不同，但其设计都可以分为两个或三个阶段。

不论是三阶段设计还是两阶段设计，也不论是工业项目还是民用项目，只有正确地认识设计阶段的特点，才能准确地控制工程造价。

二、设计阶段的工作特点

(1) 设计阶段是决定建设工程价值和使用价值的主要阶段。

(2) 设计工作表现为创造性的脑力劳动。

(3) 设计质量对建设工程总体质量有决定性影响。

(4) 设计工作需要反复协调。

(5) 设计阶段是影响建设工程投资的关键阶段。

毫无疑问，工程造价贯穿于建设项目的全过程，但进行全过程控制要突出重点，而设计阶段恰恰是其控制的关键阶段。不同的设计阶段对工程造价的影响不一样，虽然通常设计费只能占到工程全部费用的1%，但是它对工程造价的影响程度可以达到75%以上。

三、设计阶段影响工程造价的因素

设计阶段影响工程造价的因素很多，对于工业项目和民用项目，其设计内容不同，影响因素也有所不同，见表4-1：

表 4-1　设计阶段影响工程造价的因素

设计内容	影响工程造价的因素
厂区总平面图设计	厂区占地面积、功能分区、运输方式的选择
建筑空间平面设计	平面形状、流通空间、层高、建筑物层数、柱网布置、建筑物的体积与面积、建筑结构
结构与材料	木结构、砌体结构、钢筋混凝土结构、钢结构
设备选用	选择合适的生产方法、合理布置工艺流程、合理的设备选型
小区规划	占地面积、建筑群体的布置形式
住宅建筑设计	建筑物平面形状和周长系数、住宅的层数和净高、层数、住宅单元组成、户型和住户面积、住宅建筑结构

除以上因素外，在设计阶段影响工程造价的还包括其他因素，如：

（1）设计单位和设计人员的知识水平。设计单位和人员的知识水平对工程造价的影响是客观存在的。为了有效地降低工程造价，设计单位和人员首先要能够充分利用现代设计理念，运用科学的设计方法优化设计成果；其次要善于将技术与经济相结合，运用价值工程理论优化设计方案；最后，设计单位和人员应及时与造价咨询单位进行沟通，使得造价咨询人员能够在前期设计阶段就参与项目，达到技术与经济的完美结合。

（2）项目利益相关者。设计单位和人员在设计过程中要综合考虑业主、承包商、建设单位、施工单位、监管机构、咨询单位、运营单位等利益相关者的要求和利益，并通过利益诉求的均衡达到和谐的目的，避免后期出现频繁的设计变更，导致工程造价的增加。

（3）风险因素。设计阶段承担着巨大的风险，它对后面的工程招标和施工有着重要的影响。该阶段是确定建设工程总造价的一个重要阶段，决定着项目的总体造价水平。

设计阶段造价控制是一个有机联系的整体，各设计阶段的造价（估算、概算、预算）相互制约、相互补充，前者控制后者，后者补充前者，共同组成工程造价的控制系统。

只有做好设计方案的比选与优化，才能有效地控制工程造价，为以后工程建设各阶段的造价控制打好基础，确保工程造价控制目标的实现。

第二节　设计方案的优选与限额设计

一、设计方案优选的原则

　　如果一个建设项目有多个不同的设计方案，作为投资方，想要达到最好的建设投资效果，就要从所有方案中选择技术先进、经济合理的最佳设计方案。选择最佳方案时，要从实用性、经济性、功能性和美观性等方面来考虑，采用不同的优选方法来进行选择。

　　设计方案优选时必须结合当时当地的实际条件，选取功能完善、技术先进、经济合理、安全可靠的最佳设计方案。设计方案优选应遵循以下几项原则：

　　(1)设计方案必须要处理好经济合理性与技术先进性之间的关系。经济合理性要求工程造价尽可能低，如果一味地追求经济效果，可能会导致项目的功能水平偏低，无法满足使用者的要求；技术先进性追求技术的尽善尽美，如果项目功能水平先进很可能会导致工程造价偏高。因此，技术先进性与经济合理性是一对矛盾的主体，设计者应妥善处理好二者的关系。一般情况，在满足使用者要求的前提下尽可能降低工程造价。但如果资金有限制，也可以在资金限制范围内，尽可能提高项目功能水平。

　　(2)设计方案必须兼顾建设与使用，考虑项目全寿命费用。工程在建设过程中，控制造价是一个非常重要的目标。造价水平的变化会影响到项目将来的使用成本。如果单纯降低造价，建造质量得不到保障，就会导致使用过程中的维修费用很高，甚至有可能发生重大事故，对社会财产和人民安全造成严重损害。

　　(3)设计必须兼顾近期与远期的要求。一项工程建成后，往往会在很长的时间内发挥作用。如果按照目前的要求设计工程，在不远的将来，可能会出现由于项目功能水平无法满足需要而重新建造的情况；但是如果按照未来的需要设计工程，又会出现由于功能水平过高而资源闲置浪费的现象，所以设计者要兼顾近期和远期的要求，选择项目合理的功能水平。

二、设计方案的评价与优化

(一) 基本程序

(1) 按照使用功能、技术标准、投资限额的要求，结合工程所在地实际情况，探讨和建立可选的设计方案。

(2) 从所有可能的设计方案中初步筛选出各方面都较为满意的方案作为比选方案。

(3) 根据设计方案的评价目的，明确评价的任务和范围。

(4) 确定能反映方案特征并能满足评价目的的指标体系。

(5) 根据设计方案计算各项指标及对比参数。

(6) 根据方案评价的目的，将方案的分析评价指标分为基本指标和主要指标。通过评价指标的分析计算，排列出方案的优劣次序，并提出推荐方案。

(7) 综合分析，进行方案选择或提出技术优化建议。

(8) 对技术优化建议进行组合搭配，确定优化方案。

(9) 实施优化方案并总结备案。

在设计方案评价与优化过程中，建立合理的指标体系，并采取有效的评价方法进行方案优化是最基本和最重要的工作内容。

(二) 评价指标体系

设计方案的评价指标是设计方案评价与优化的衡量标准，对于技术经济分析的准确性和科学性具有重要作用。内容严谨、标准明确的指标体系，是对设计方案进行评价与优化的基础。

评价指标应能充分反映工程项目满足社会需求的程度，以及为取得使用价值所需投入的社会必要劳动和社会必要消耗量。因此，指标体系应包括以下内容：

(1) 使用价值指标，即工程项目满足需要程度 (功能) 的指标。

(2) 反映创造使用价值所消耗的社会劳动消耗量的指标。

(3) 其他指标。

对建立的指标体系，可按指标的重要程度设置主要指标和辅助指标，并选择主要指标进行分析比较。

(三) 评价方法

设计方案的评价方法主要有多指标法、单指标法以及多因素评分法。

（1）多指标法。多指标法就是采用多个指标，将各个对比方案的相应指标值逐一进行分析比较，按照各种指标数值的高低对其做出评价。其评价指标包括以下几项：

① 工程造价指标。造价指标是指反映建设工程一次性投资的综合货币指标，根据分析和评价工程项目所处的时间段，可依据设计概（预）算予以确定。例如，每平方米建筑造价、给排水工程造价、采暖工程造价、通风工程造价、设备安装工程造价等。

② 主要材料消耗指标。主要材料消耗指标从实物形态的角度反映主要材料的消耗数量。如钢材消耗量指标、水泥消耗量指标、木材消耗量指标等。

③ 劳动消耗指标。劳动消耗指标所反映的劳动消耗量，包括现场施工和预制加工厂的劳动消耗。

④ 工期指标。工期指标是指建设工程从开工到竣工所耗费的时间，可用来评价不同方案对工期的影响。

以上四类指标，可以根据工程的具体特点来选择。从建设工程全面造价管理的角度考虑，仅利用这四类指标还不能完全满足设计方案的评价，还需要考虑建设工程全寿命期成本，并考虑工期成本、质量成本、安全成本及环保成本等诸多因素。

在采用多指标法对不同设计方案进行分析和评价时，如果某一方案的所有指标都优于其他方案，则为最佳方案；如果各个方案的其他指标都相同，只有一个指标相互之间有差异，则该指标最优的方案就是最佳方案。这两种情况对于优选决策来说都比较简单，但实际中很少有这种情况。在大多数情况下，不同方案之间往往是各有所长，有些指标较优，有些指标较差，而且各种指标对方案经济效果的影响也不相同。这时，若采用加权求和的方法，各指标的权重又很难确定。因而需要采用其他分析评价方法，如单指标法。

（2）单指标法。单指标法是以单一指标为基础对建设工程技术方案进行综合分析与评价的方法。单指标法有很多种类，各种方法的使用条件也不尽相同，较常用的有以下几种方法：

① 综合费用法。这里的费用包括方案投产后的年度使用费、方案的建设投资，以及由于工期提前或延误而产生的收益或亏损等。该方法的基本出发点在于将建设投资和使用费结合起来考虑，同时，考虑建设周期对投资效益的影响，以综合费用最小为最佳方案。综合费用法是一种静态价值指标评价方法，没有考虑资金的时间价值，只适用于建设周期较短的工程。另外，由于综合费用法只考虑费用，未能反映功能、质量、安全、环保等方面的差异，因而只有在方案的功能、建设标准等条件相同或基本相同时才能采用。

② 全寿命期费用法。建设工程全寿命期费用除包括筹建、征地拆迁、咨询、勘察、设计、施工、设备购置以及贷款支付利息等与工程建设有关的一次性投资费用外，还包括工程完成后交付使用期内经常发生的费用支出，如维修费、设备更新费、采暖费、电梯费、空调费、保险费等，这些费用统称为使用费，按年计算时称为年度使用费。全寿命期费用评价法考虑了资金的时间价值，是一种动态的价值指标评价方法。由于不同技术方案的寿命期不同，因此，应用全寿命期费用评价法计算费用时，不用净现值法，而用年度等值法，以年度费用最小者为最优方案。

③ 价值工程法。价值工程法主要是对产品进行功能分析，研究如何以最低的全寿命期成本实现产品的必要功能，从而提高产品价值。在建设工程施工阶段运用该方法来提高建设工程价值的作用是有限的。要使建设工程的价值能够大幅度提高，获得较高的经济效益，必须首先在设计阶段运用价值工程法，使建设工程的功能与成本合理匹配，也就是说，在设计中运用价值工程的原理和方法，在保证建设工程功能不变或功能改善的情况下，力求节约成本，以设计出更加符合用户要求的产品。

价值工程在工程设计中的运用过程实际上是发现矛盾、分析矛盾和解决矛盾的过程。具体地说，就是分析功能与成本间的关系，以提高建设工程的价值系数。工程设计人员要以提高价值为目标，以功能分析为核心，以经济效益为出发点，从而真正实现对设计方案的优化。

（3）多因素评分法。多因素评分法是多指标法与单指标法相结合的一种方法。对需要进行分析评价的设计方案设定若干个评价指标，按其重要程度分配权重，然后按照评价标准给各指标打分，将各项指标所得分数与其权重采用综合方法整合，得出各设计方案的评价总分，以获总分最高者为最佳方案。

(四) 设计方案优化

设计优化是使设计质量不断提高的有效途径，在设计招标以及设计方案竞赛过程中可以将各方案的可取之处重新组合，吸收众多设计方案的优点，使设计更加完美。而对于具体方案，则应综合考虑工程质量、造价、工期、安全和环保五大目标，基于全要素造价管理进行优化。

工程项目五大目标之间的整体相关性决定了设计方案的优化必须考虑这五大目标之间的最佳匹配，力求达到整体目标最优，而不能孤立、片面地考虑某一目标或强调某一目标而忽略其他目标。在保证工程质量和安全、保护环境的基础上，追求全寿命期成本最低的设计方案。

三、运用价值工程优化设计方案

价值工程是以提高产品或者作业价值为目的，通过有组织的创造性工作，寻求用最低的寿命成本，可靠地实现使用者所需功能的一种管理技术。价值工程中的"价值"是指作为某种产品(或作业)所具有的功能与获得该功能的全部费用组成。它不是对象的使用价值，也不是对象的经济价值和交换价值，而是对象的比较价值，是作为评价事物有效程度的一种尺度提出来的，这种对比关系可用下式表示

$$V=F/C \tag{4-1}$$

式中：V——研究对象的价值；

F——研究对象的功能；

C——研究对象的成本，即周期寿命成本。

价值工程是一种技术经济分析方法，是现代科学管理的组成部分，是研究用最少的成本支出，实现必要功能，达到提高产品价值的科学，也是我们在工程经济学中学过的知识。下面介绍其在建设项目设计阶段的设计方案比选与优化中的应用。

价值工程在建设项目设计方案优选中的应用

工程设计主要是针对建设项目的功能和实现手段，工程设计方案可以直接作为价值工程的研究对象。

（1）功能分析。建筑功能是指建筑产品满足社会需要的各种性能的总和。不同的建筑产品有不同的使用功能，它们通过一系列建筑因素体现出来，反映建筑物的使用要求。建筑产品的功能一般可分为社会性功能、适用性功能、技术性功能、物理性功能和美学功能五类。功能分析首先应明确项目各类功能具体有哪些，哪些是主要功能，并对功能进行定义和整理，绘制功能系统图。

（2）功能评价。功能评价主要是比较各项功能的重要程度，用0-1评分法、0-4评分法、环比评分法等方法，计算各项功能的评价系数，作为该功能的重要度权数。

0-1评分法是指将功能一一对比，重要者得1分，不重要者得0分，然后都加上1分，进行修正，再用修正得分除以总得分得到功能指数。

0-4评分法则是指将功能一一对比，很重要的功能因素得4分，另一个很不重要的功能因素得0分，较重要的功能因素得3分，另一个较不重要的功能因素得1分，同样重要则两个功能因素各得2分。

（3）方案创新。根据功能分析的结果，提出各种实现功能的方案。

（4）方案评价。对第3步方案创新提出的各种方案的各项功能的满足程度打分；然后以功能评价系数作为权数，计算各方案的功能评价得分；最后计算各方案的价值系数，以价值系数最大者为最优。

（5）价值评价。评价各项功能，确定功能评价系数，并计算实现各项功能的现实成本是多少，从而计算各项功能的价值系数。价值系数小于1的，应该在功能水平不变的条件下降低成本，或在成本不变的条件下提高功能水平；价值系数大于1的，如果是重要的功能，则应该提高成本，以保证重要功能的实现。如果该项功能不重要，可以不作改变。

（6）分配目标成本。根据限额设计的要求，确定研究对象的目标成本，并以功能评价系数为基础，将目标成本分摊到各项功能上，与各项功能的现实成本进行对比，确定成本改进期望值。成本改进期望值大的，应首先重点改进。

四、限额设计

(一) 限额设计的概念

限额设计是指按照批准的可行性研究报告中的投资限额进行初步设计，按照批准的初步设计概算进行施工图设计，按照施工图预算造价编制施工图设计中各个专业设计文件的过程。

限额设计中，工程使用功能不能减少，技术标准不能降低，工程规模也不能削减。因此，限额设计需要在投资额度不变的情况下，实现使用功能和建设规模的最大化。限额设计是工程造价控制系统中的一个重要环节，是设计阶段进行技术经济分析，实施工程造价控制的一项重要措施。限额设计包含两个方面的内容，一方面是项目的下一阶段按照上一阶段的投资或者造价限额达到设计技术要求，另一方面是项目局部按照设定投资或者造价限额达到设计技术要求。实行限额设计的有效途径和主要方法是投资分解和工程量控制。

(二) 确定合理的限额设计目标与内容

限额设计目标是在初步设计开始前，根据批准的可行性研究报告及其投资估算而确定的。限额设计的目标设定应与项目规模、技术发展、环保卫生、建设标准相适应。限额设计指标一般由项目经理或项目总设计师提出，经设计主管院长审批。其总额度一般只下达直接工程费的90%，项目经理或总设计师留有一定的调节指标，限额指标用完后，必须经批准才能调整。专业之间或专业内部节约下来的单项费用未经批准不能相互调用。限额设计在实施中不同阶段的主要内容如下：

(1) 投资决策阶段。投资决策阶段是限额设计的关键。对政府工程而言投资决策阶段的可行性研究报告是政府部门核准投资总额的主要依据，而批准的投资总额则是进行限额设计的主要依据。为此，应在多方案技术经济分析和评价后确定最终方案，提高投资估算的准确度，合理确定设计限额目标。

(2) 初步设计阶段。初步设计阶段需要依据最终确定的可行性研究方案和投资估算，对影响投资的因素按照专业进行分解，并将规定的投资限额下达到各专业设计人员。设计人员应用价值工程的基本原理，通过多方案技术经济比选，创造出价值较高、技术经济性较为合理的初步设计方案，并将设计概算控制在批准的投资估算内。

（3）施工图设计阶段。施工图是设计单位的最终成果文件，要按照批准的初步设计方案进行限额设计，施工图预算需控制在批准的设计概算范围内。

（三）实现限额设计目标

在进行限额设计时，应按照之前确定的限额设计总目标来进行分解，确定各专业设计的分解限额设计指标，以此实现设计阶段的造价控制。

要实现限额设计的目标，除了分解完成目标之外，还需要对设计进行优化。优化设计是以系统工程理论为基础，应用现代数学方法对工程设计方案、设备选型、参数匹配、效益分析等方面进行最优化的设计方法，它是控制投资的重要措施。在进行优化设计时，必须根据问题的性质选择不同的优化方法。一般来说，对于一些确定性问题，如投资、资源消耗、时间等有关条件已确定的，可采用线性规划、非线性规划、动态规划等理论和方法进行优化；对于一些非确定性问题，可以采用排队论、对策论等方法进行优化；对于涉及流量的问题，可以采用网络理论进行优化。

优化设计的一般步骤如下：

（1）分析设计对象综合数据，建立设计目标。

（2）根据设计对象数据特征选择优化方法，建立模型。

（3）求解并分析结果可行性。

（4）调整模型，得到满意结果。

（四）限额设计过程

限额设计的实施是建设工程造价目标的动态反馈和管理过程，可分为目标制定、目标分解、目标推进和成果评价。

（1）目标制定。限额设计的目标包括：造价目标、质量目标、速度目标、安全目标及环境目标。工程项目各目标之间既相互关联又相互制约，因此，在分析论证限额设计目标时，应统筹兼顾，全面考虑，追求技术经济合理的最佳整体目标。

（2）目标分解。分解工程造价目标是实行限额设计的一个有效途径和主要方法。首先，将上一阶段确定的投资额分解到建筑、结构、电气、给排水和暖通等设计部门的各个专业。其次，将投资限额再分解到各个单项工程、单位工程、分部工程及分项工程。在目标分解过程中，要对设计方案进行综合分析与评价。最后，将各细化的目标明确到相应的设计人员，制定明确的限额设计方案。通过层层目标分解和限额设计，实现对投资限额的有效控制。

（3）目标推进。目标推进通常包括限额初步设计和限额施工图设计两个阶段。

① 限额初步设计阶段。此阶段应严格按照分配的工程造价控制目标进行方案的规划和设计。在初步设计开始时，将设计任务书的设计原则、建设方针和各项控制经济指标告知设计人员，对关键设备、工艺流程、总图方案、主要建筑和各种费用指标要提出技术经济方案选择，研究实现设计任务书中投资限额的可能性，特别注意对投资有较大影响的因素。在初步设计方案完成后，由工程造价管理专业人员及时编制初步设计预算，并进行初步设计方案的技术经济分析，直至满足限额要求。初步设计只有在满足各项功能要求并符合限额设计目标的情况下，才能作为下一阶段的限额目标给予批准。

② 限额施工图设计阶段。设计得到的项目总造价和单项工程造价都不能超过初步设计概算造价，要将施工图预算严格控制在批准的概算以内。设计单位的最终产品是施工图设计，它是工程建设的依据。设计部门在进行施工图设计的过程中，要随时控制造价、调整设计，要求从设计部门发出的施工图，其造价严格控制在批准的概算以内。遵循各目标协调并进的原则，做到各目标之间的有机结合和统一，防止偏废其中任何一个。在施工图设计完成后，进行施工图设计的技术经济论证，分析施工图预算是否满足设计限额要求，以供设计决策者参考。

在初步设计阶段，由于外部条件的制约和人们主观认识的局限，往往会造成施工图设计阶段甚至施工过程中的局部修改和变更，这是使设计、建设更趋于完善的正常现象，由此会引起已经确认的概算价格的变化，这种变化在一定范围内是允许的，但必须经过核算和调整。如果施工图设计变化涉及建设规模、产品方案、工艺流程或设计方案的重大变更，从而使原初步设计失去指导施工图设计的意义，必须重新编制或修改初步设计文件，并重新报原审查单位审批。对于必须发生的设计变更应尽量提前进行，以减少变更对工程造成更大的损失；对影响工程造价的重大设计变更，则要采取先算账后变更的办法，以使工程造价得到有效的控制。

（4）成果评价。成果评价是目标管理的总结阶段。通过对设计成果的评价，总结经验和教训，作为指导和开展后续工作的主要依据。

值得指出的是，当考虑建设工程全寿命期成本时，按照限额要求设计出的方案可能不一定具有最佳的经济性，此时也可考虑突破原有限额，重新选择设计方案。

第三节　设计概算的编制

一、设计概算的概念和作用

（一）设计概算的概念

设计概算是以初步设计文件为依据，按照规定的程序、方法和依据，对建设项目总投资及其构成进行的概略计算。具体而言，设计概算是在投资估算的控制下由设计单位根据初步设计或扩大初步设计的图纸及说明，利用国家或地区颁发的概算指标、概算定额、综合指标预算定额、各项费用定额或取费标准（指标）、建设地区自然、技术经济条件和设备、设备材料预算价格等资料，按照设计要求，对建设项目从筹建至竣工交付使用所需全部费用进行的预计。设计概算的成果文件称作设计概算书，也简称设计概算。设计概算书是初步设计文件的重要组成部分，其特点是编制工作相对简略，无须达到施工图预算的准确程度。采用两阶段设计的建设项目，初步设计阶段必须编制设计概算；采用三阶段设计的，扩大初步设计阶段必须编制修正概算。

设计概算的编制内容包括静态投资和动态投资两个层次。静态投资作为考核工程设计和施工图预算的依据，动态投资作为项目筹措、供应和控制资金使用的限额。设计概算经批准后，一般不得调整。如果由于下列原因需要调整概算时，应由建设单位调查分析变更原因，报主管部门审批同意后，由原设计单位核实编制调整概算，并按有关审批程序报批。当影响工程概算的主要因素查明且工程量完成了一定量后，方可对其进行调整。一个工程只允许调整一次概算。允许调整概算的原因包括以下几点：

（1）超出原设计范围的重大变更。

（2）超出基本预备费规定范围不可抗拒的重大自然灾害引起的工程变动和费用增加。

（3）超出工程造价价差预备费的国家重大政策性的调整。

（二）设计概算的作用

设计概算是工程造价在设计阶段的表现形式，但其并不具备价格属性。因为设计概算不是在市场竞争中形成的，而是设计单位根据有关依据计算出来的工程建设的预期费用，用于衡量建设投资是否超过估算并控制下一阶段费用支出。设计概算的主要作用是控制以后各阶段的投资，具体表现如下：

（1）设计概算是编制固定资产投资计划、确定和控制建设项目投资的依据。设计概算投资应包括建设项目从立项、可行性研究、设计、施工、试运行到竣工验收等的全部建设资金。按照国家有关规定，编制年度固定资产投资计划，确定计划投资总额及其构成数额，要以批准的初步设计概算为依据，没有批准的初步设计文件及其概算，建设工程不能列入年度固定资产投资计划。

设计概算一经批准，将作为控制建设项目投资的最高限额。在工程建设过程中，年度固定资产投资计划安排、银行拨款或贷款、施工图设计及其预算、竣工决算等，未经规定程序批准，都不能突破这一限额，确保对国家固定资产投资计划的严格执行和有效控制。对总概算投资超过批准投资估算10%以上的，应进行技术经济论证，需重新上报进行审批。

（2）设计概算是控制施工图设计和施工图预算的依据。经批准的设计概算是建设工程项目投资的最高限额。设计单位必须按批准的初步设计和总概算进行施工图设计，施工图预算不得突破设计概算。设计概算批准后不得任意修改和调整；如需修改或调整时，须经原批准部门重新审批。竣工结算不能突破施工图预算，施工图预算不能突破设计概算。

（3）设计概算是衡量设计方案技术经济合理和选择最佳设计方案的依据。设计部门在初步设计阶段要选择最佳设计方案，设计概算是从经济角度衡量设计方案经济合理性的重要依据。

（4）设计概算是编制招标控制价（招标标底）和投标报价的依据。以设计概算进行招投标的工程，招标单位以设计概算作为编制招标控制价及评标定标的依据。承包单位也必须以设计概算为依据，编制投标报价，以合适的投标报价在投标竞争中取胜。

（5）设计概算是签订建设工程合同和贷款合同的依据。建设工程合同价款是以设计概算、预算价为依据，且总承包合同不得超过设计总概算的投资额。银行贷款或各单项工程的拨款累计总额不能超过设计概算。如果项目投资计划所列投资额与贷款突破设计概算时，必须查明原因，之后由建设单位报请上级主管部门调整或追加设计概算总投资。凡未批准之前，银行对其超支部分不予拨付。

（6）设计概算是考核建设项目投资效果的依据。通过设计概算与竣工决算对比，可以分析和考核建设工程项目投资效果的好坏，同时，还可以验证设计概算的准确性，有利于加强设计概算管理和建设项目的造价管理工作。

二、设计概算的编制内容

设计概算文件的编制应采用单位工程概算、单项工程综合概算、建设项目总概算三级概算编制形式。当建设项目为一个单项工程时，可采用单位工程概算、总概算两级概算编制形式。

（1）单位工程概算。单位工程概算是以初步设计文件为依据，按照规定的程序、方法和依据，计算单位工程费用的成果文件，是编制单项工程综合概算（或项目总概算）的依据，是单项工程综合概算的组成部分。单位工程概算按其工程性质可分为建筑工程概算和设备及安装工程概算两大类。建筑工程概算包括土建工程概算，给排水、采暖工程概算，通风、空调工程概算，电气照明工程概算，弱电工程概算，特殊构筑物工程概算等；设备及安装工程概算包括机械设备及安装工程概算，电气设备及安装工程概算，热力设备及安装工程概算，工、器具及生产家具购置费概算等。

（2）单项工程综合概算。单项工程综合概算是以初步设计文件为依据，在单位工程概算的基础上汇总单项工程费用的成果文件，由单项工程中的各单位工程概算汇总编制而成，是建设项目总概算的组成部分。

（3）建设项目总概算。建设项目总概算是以初步设计文件为依据，在单项工程综合概算的基础上计算建设项目概算总投资的成果文件，它是由各单项工程综合概算、工程建设其他费用概算、预备费、建设期利息和铺底流动资金概算汇总编制而成的。

若干个单位工程概算汇总后成为单项工程综合概算，若干个单项工程综合概算和工程建设其他费用、预备费、建设期利息、铺底流动资金等概算文件汇总后成为建设项目总概算。单项工程综合概算和建设项目总概算仅是一种归纳、汇总性文件，因此，最基本的计算文件是单位工程概算书。若建设项目为一个独立单项工程，则建设项目总概算书与单项工程综合概算书可合并编制。

三、设计概算的编制依据及要求

（一）设计概算的编制依据

（1）国家、行业和地方政府有关建设和造价管理的法律、法规、规章、规程、标准等。

（2）相关文件和费用资料，包括以下几项内容：

① 初步设计或扩大初步设计图纸、设计说明书、设备清单和材料表等。其中，土建工程包括建筑总平面图、平面图、立面图、剖面图和初步设计文字说明（注明门窗尺寸、装修标准等）、结构平面布置图、构件尺寸及特殊构件的钢筋配置，安装工程包括给排水、采暖通风、电气、动力等专业工程的平面布置图、系统图、文字说明和设备清单等，室外工程包括平面图、总图专业建设场地的地形图及场地设计标高及道路、排水沟、挡土墙、围墙等构筑物的断面尺寸。

② 批准的建设项目设计任务书（或批准的可行性研究报告）和主管部门的有关规定。

③ 国家或省、市、自治区现行的建筑设计概算定额 (综合预算定额或概算指标)，现行的安装设计概算定额 (或概算指标)，类似工程的概预算及技术经济指标。

④ 建设工程所在地区的人工工资标准、材料预算价格、施工机械台班预算价格，标准设备和非标准设备价格资料，现行的设备原价及运杂费率，各类造价信息和指数。

⑤ 国家或省、市、自治区现行的建筑安装工程费用定额和有关费用标准。工程所在地区的土地征购、房屋拆迁、青苗补偿等费用和价格资料。

⑥ 资金筹措方式或资金来源。

⑦ 正常的施工组织设计及常规施工方案。

⑧ 项目涉及的有关文件、合同、协议等。

(3) 施工现场资料。概算编制人员应熟悉设计文件，掌握施工现场情况，充分了解设计意图，掌握工程全貌，明确工程的结构形式和特点。掌握施工组织与技术应用情况，深入施工现场了解建设地点的地形、地貌及作业环境，并加以核实、分析和修正。现场资料主要包括如下几项内容：

① 建设场地的工程地质、地形地貌等自然条件资料和建设工程所在地区的有关技术经济条件资料。

② 项目所在地区有关的气候、水文、地质地貌等自然条件。

③ 项目所在地区的经济、人文等社会条件。

④ 项目的技术复杂程度，以及新工艺、新材料、新技术、新结构、专利使用情况等。

⑤ 建设项目拟定的建设规模、生产能力、工艺流程、设备及技术要求等情况。

⑥ 项目建设的准备情况，包括"五通一平"，施工方式的确定，施工用水、用电的供应等诸多因素。

(二) 设计概算的编制要求

(1) 设计概算应按编制时项目所在地的价格水平编制，总投资应完整地反映编制时建设项目实际投资。

(2) 设计概算应结合项目所在地设备和材料市场供应情况、建筑安装施工市场变化，还应按项目合理工期预测建设期价格水平，以及资产租赁和贷款的时间价值等动态因素对投资的影响。

（3）设计概算应考虑建设项目施工条件以及能够承担项目施工的工程公司情况等因素对投资的影响。

四、设计概预算文件的审查

设计概预算文件是确定建设工程造价的文件，是工程建设全过程造价控制、考核工程项目经济合理性的重要依据。因此，对设计概预算文件的审查在工程造价管理中具有非常重要的作用和现实意义。

设计概算的审查是确定建设工程造价的一个重要环节。通过审查，能使概算更加完整、准确。

(一) 设计概算审查的意义

（1）促进设计单位严格执行国家、地方、行业有关概算的编制规定和费用标准，提高概算的编制质量。

（2）促进设计的技术先进性与经济合理性。

（3）促进建设工程造价的准确、完整，避免出现任意扩大建设规模和漏项的情况，缩小概算与预算之间的差距。

(二) 设计概算审查的内容

1. 对设计概算编制依据的审查

（1）审查编制依据的合法性。设计概算采用的编制依据必须经过国家和授权机关的批准，符合概算编制的有关规定。同时，不得擅自提高概算定额、指标或费用标准。

（2）审查编制依据的时效性。设计概算文件所使用的依据，如定额、指标、价格、取费标准等，都应根据国家有关部门的规定进行。

（3）审查编制依据的适用范围。各主管部门规定的各类专业定额及其收费标准，仅适用于该部门的专业工程；各地区规定的各种定额及其取费标准，只适用于该地区范围内，特别是地区的材料预算价格应按工程所在地区的具体规定执行。

2. 对设计概算编制深度的审查

（1）审查编制说明。审查设计概算的编制方法、深度和编制依据等重大原则性问题。

（2）审查设计概算编制的完整性。对于一般大中型项目的设计概算，审查是否具有完整的编制说明和三级设计概算文件（总概算、综合概算、单位工程概算），是否达到规定的深度。

（3）审查设计概算的编制范围。包括：设计概算编制范围和内容是否与批准的工程项目范围相一致，各项费用应列的项目是否符合法律法规及工程建设标准，是否存在多列或遗漏的取费项目等。

3. 对设计概算编制内容的审查

（1）概算编制是否符合法律、法规及相关规定。

（2）概算所编制工程项目的建设规模和建设标准、配套工程等是否符合批准的可行性研究报告或立项批文。对总概算投资超过批准投资估算10%以上的，应进行技术经济论证，需重新上报进行审批。

（3）概算所采用的编制方法、计价依据和程序是否符合相关规定。

（4）概算工程量是否准确。应将工程量较大、造价较高、对整体造价影响较大的项目作为审查重点。

（5）概算中主要材料用量的正确性和材料价格是否符合工程所在地的价格水平，材料价差调整是否符合相关规定等。

（6）概算中设备规格、数量、配置是否符合设计要求，设备原价和运杂费是否正确，非标准设备原价的计价方法是否符合规定，进口设备的各项费用的组成及其计算程序、方法是否符合规定。

（7）概算中各项费用的计取程序和取费标准是否符合国家或地方有关部门的规定。

（8）总概算文件的组成内容是否完整地包括了工程项目从筹建至竣工投产的全部费用组成。

（9）综合概算、总概算的编制内容、方法是否符合国家相关规定和设计文件的要求。

（10）概算中工程建设其他费用中的费率和计取标准是否符合国家、行业有关规定。

（11）概算项目是否符合国家对于环境治理的要求和规定。

（12）概算中技术经济指标的计算方法和程序是否正确。

（三）设计概算的审查方法

采用适当方法对设计概算进行审查，是确保审查质量、提高审查效率的关键。常用的审查方法有以下五种：

（1）对比分析法。通过对比分析建设规模、建设标准、概算编制内容和编制方法、人材机单价等，发现设计概算存在的主要问题和偏差。

（2）主要问题复核法。对审查中发现的主要问题以及有较大偏差的设计进行复核，对重要、关键设备和生产装置或投资较大的项目进行复查。

（3）查询核实法。对一些关键设备和设施、重要装置以及图纸不全、难以核算的较大投资进行多方查询核对，逐项落实。

（4）分类整理法。对审查中发现的问题和偏差，对照单项工程、单位工程的目录顺序分类整理，汇总核增或核减的项目及金额，最后汇总审核后的总投资及增减投资额。

（5）联合会审法。在设计单位自审、承包单位初审、咨询单位评审、邀请专家预审、审批部门复审等层层把关后，由有关单位和专家共同审核。

第四节　施工图预算的编制

一、施工图预算的编制内容

（一）施工图预算文件的组成

施工图预算由建设项目总预算、单项工程综合预算和单位工程预算组成。建设项目总预算由单项工程综合预算汇总而成，单项工程综合预算由组成本单项工程的各单位工程预算汇总而成，单位工程预算包括建筑工程预算和设备及安装工程预算。施工图预算根据建设项目实际情况可采用三级预算编制或二级预算编制形式。当建设项目有多个单项工程时，应采用三级预算编制形式，三级预算编制形式由建设项目总预算、单项工程综合预算、单位工程预算组成。当建设项目只有一个单项工程时，应采用二级预算编制形式，二级预算编制形式由建设项目总预算和单位工程预算组成。

采用三级预算编制形式的工程预算文件包括：封面、签署页及目录、编制说明、总预算表、综合预算表、单位工程预算表、附件等内容。采用二级预算编制形式的工程预算文件包括：封面、签署页及目录、编制说明、总预算表、单位工程预算表、附件等内容。

(二) 施工图预算的内容

按照预算文件的不同，施工图预算的内容有所不同。建设项目总预算是反映施工图设计阶段建设项目投资总额的造价文件，是施工图预算文件的主要组成部分。由组成该建设项目的各个单项工程综合预算和相关费用组成。具体包括：建筑安装工程费、设备及工器具购置费、工程建设其他费用、预备费、建设期利息及铺底流动资金。施工图总预算应控制在已批准的设计总概算投资范围以内。

单项工程综合预算是反映施工图设计阶段一个单项工程 (设计单元) 造价的文件，是总预算的组成部分，由构成该单项工程的各个单位工程施工图预算组成。其编制的费用项目是各单项工程的建筑安装工程费、设备及工器具购置费和工程建设其他费用总和。

单位工程预算是依据单位工程施工图设计文件、现行预算定额以及人工、材料和施工机械台班价格等，按照规定的计价方法编制的工程造价文件，包括单位建筑工程预算和单位设备及安装工程预算。单位建筑工程预算是建筑工程各专业单位工程施工图预算的总称。按其工程性质可分为一般土建工程预算，给水排水工程预算，采暖通风工程预算，电气照明工程预算，弱电工程预算，特殊构筑物如烟囱、水塔等工程预算以及工业管道工程预算等。设备及安装工程预算是安装工程各专业单位工程预算的总称，设备及安装工程预算按其工程性质分为机械设备安装工程预算、电气设备安装工程预算、工业管道工程预算和热力设备安装工程预算等。

二、施工图预算的编制依据、原则及程序

(一) 施工图预算的编制依据

(1) 国家、行业和地方政府有关工程建设和造价管理的法律、法规和规定。

(2) 经过批准和会审的施工图设计文件，包括设计说明书、标准图、图纸会审纪要、设计变更通知单及经建设主管部门批准的设计概算文件。

(3) 施工现场勘察地质、水文、地貌、交通、环境及标高测量资料等。

(4) 预算定额 (或单位估价表)、地区材料市场与预算价格等相关信息以及颁布的材料预算价格、工程造价信息、材料调价通知、取费调整通知、工程量清单计价规范等。

(5) 当采用新结构、新材料、新工艺、新设备而定额缺项时，按规定编制的补充预算定额，也是编制施工图预算的依据。

(6) 合理的施工组织设计和施工方案等文件。

(7) 工程量清单、招标文件、工程合同或协议书。它明确了施工单位承包的工程范围，应承担的责任、权利和义务。

(8) 项目有关的设备、材料供应合同、价格及相关说明书。

(9) 项目的技术复杂程度，以及新技术、专利使用情况等。

(10) 项目所在地区有关的气候、水文、地质地貌等的自然条件。

(11) 项目所在地区有关的经济、人文等社会条件。

(12) 预算工作手册，常用的各种数据、计算公式、材料换算表、常用标准图集及各种必备的工具书。

(二) 施工图预算的编制原则

(1) 严格执行国家的建设方针和经济政策的原则。施工图预算要严格按照党和国家的方针、政策办事，坚决执行勤俭节约的方针，严格执行规定的设计和建设标准。

(2) 完整、准确地反映设计内容的原则。编制施工图预算时，要认真了解设计意图，根据设计文件、图纸准确计算工程量，避免重复和漏算。

（3）坚持结合拟建工程的实际，反映工程所在地当时价格水平的原则。编制施工图预算时，要求实事求是地对工程所在地的建设条件、可能影响造价的各种因素进行认真的调查研究。在此基础上，正确使用定额、费率和价格等各项编制依据，按照现行工程造价的构成，根据有关部门发布的价格信息及价格调整指数，考虑建设期的价格变化因素，使施工图概算尽可能地反映设计内容、施工条件和实际价格。

（三）施工图预算的编制程序

施工图预算的编制程序主要包括三大内容，即单位工程施工图预算编制、单项工程综合预算编制、建设项目总预算编制。单位工程施工图预算是施工图预算的关键。

三、单位工程施工图预算的编制

（一）建筑安装工程费计算

单位工程施工图预算包括建筑安装工程费和设备及工、器具购置费。单位工程施工图预算中的建筑安装工程费应根据施工图设计文件、预算定额（或综合单价）以及人工、材料及施工机械台班等价格资料进行计算。主要编制方法有单价法和实物量法，其中单价法可分为定额单价法和工程量清单单价法，使用较多的是定额单价法。定额单价法是用事先编制好的分项工程的单位估价表来编制施工图预算。工程量清单单价法是指招标人按照国家统一的工程量计算规则提供工程数量，采用综合单价的形式计算工程造价。实物量法是依据施工图纸和预算定额的项目划分及工程量计算规则，先计算出分部分项工程量，然后套用预算定额（实物量定额）来编制施工图预算。

（1）定额单价法。定额单价法又称工料单价法或预算单价法，是指分部分项工程的单价为工料单价，将分部分项工程量乘以对应分部分项工程单价后的合计作为单位人、材、机费，人、材、机费汇总后，再根据规定的计算方法计取企业管理费、利润、规费和税金，将上述费用汇总后得到该单位工程的施工图预算造价。定额单价法中的单价一般采用地区统一单位估价表中的各分项工程工料单价（定额基价）。

应主要完成以下工作内容：

① 收集编制施工图预算的编制依据。其中，主要包括现行建筑安装定额、取费标准、工程量计算规则、地区材料预算价格以及市场材料价格等各种资料。

② 熟悉施工图等基础资料。熟悉施工图纸、有关的通用标准图、图纸会审记录、设计变更通知等资料，并检查施工图纸是否齐全、尺寸是否清楚，了解设计意图，掌握工程全貌。

③ 了解施工组织设计和施工现场情况。全面分析各分部分项工程，充分了解施工组织设计和施工方案，如工程进度、施工方法、人员使用、材料消耗、施工机械、技术措施等内容，注意影响费用的关键因素；核实施工现场情况，包括工程所在地地质、地形、地貌等情况，工程实地情况，当地气象资料、当地材料供应地点及运距等情况；了解工程布置、地形条件、施工条件、料场开采条件、场内外交通运输条件等。

④ 列项并计算工程量。工程量计算一般按下列步骤进行：首先，将单位工程划分为若干分项工程，划分的项目必须和定额规定的项目一致，这样才能正确地套用定额。不能重复列项计算，也不能漏项少算。工程量应严格按照图纸尺寸和现行定额规定的工程量计算规则进行计算，分项子目的工程量应遵循一定的顺序逐项计算，避免漏算和重算。

⑤ 套用定额预算单价，计算人、材、机费。核对工程量计算结果后，将定额子项中的基价填于预算表单价栏内，并将单价乘以工程量得出合价，将结果填入合价栏。汇总求出单位工程人、材、机费。

⑥ 编制工料分析表。工料分析是按照各分项工程，依据定额或单位估价表，首先从定额项目表中分别将各分项工程消耗的每项材料和人工的定额消耗量查出，再分别乘以该工程项目的工程量，得到分项工程工料消耗量，最后将各分项工程工料消耗量加以汇总，得出单位工程人工、材料的消耗数量。

⑦ 计算主材费并调整人、材、机费。许多定额项目基价为不完全价格，即未包括主材费用在内，因此还应单独计算出主材费。计算完成后将主材费的价差加入人、材、机费。主材费计算的依据是当时当地的市场价格。

⑧ 按计价程序计取其他费用，并汇总造价。根据规定的税率、费率和

相应的计取基础，分别计算企业管理费、利润、规费和税金。将上述费用累计后与人、材、机费进行汇总，求出单位工程预算造价。与此同时，计算工程的技术经济指标，如单方造价。

⑨复核。对项目填列、工程量计算公式、计算结果、套用单价、取费费率、数字计算结果、数据精确度等进行全面复核，及时发现差错并修改，以保证预算的准确性。

⑩填写封面、编制说明。封面应写明工程编号、工程名称、预算总造价和单方造价等，编制说明，将封面、编制说明、预算费用汇总表、材料汇总表、工程预算分析表，按顺序编排并装订成册，便完成了单位施工图预算的编制工作。

定额单价法是编制施工图预算的常用方法，具有计算简单、工作量较小和编制速度较快、便于工程造价管理部门集中统一管理的优点。但由于是采用事先编制好的统一的单位估价表，其价格水平只能反映定额编制年份的价格水平，在市场价格波动较大的情况下，单价法的计算结果会偏离实际价格水平，虽然可采用调价，但调价系数和指数从测定到颁布又滞后且计算也较烦琐；另外，由于单价法采用了地区统一的单位估价表进行计价，承包商之间竞争的并不是自身的施工、管理水平，所以单价法并不完全适应市场经济环境。

（2）实物量法。用实物量法编制单位工程施工图预算，就是根据施工图计算的各分项工程量分别乘以地区定额中人工、材料、施工机械台班的定额消耗量，分类汇总得出该单位工程所需的全部人工、材料、施工机械台班消耗数量，然后再乘以当时当地人工工日单价、各种材料单价、施工机械台班单价，求出相应的人工费、材料费、施工机具使用费，企业管理费、利润、规费及税金等费用计取方法与预算单价法相同。

实物量法的优点是能较及时地将各种人工、材料、机械在当时当地市场单价计入预算价格，不需调价，反映当时当地的工程价格水平。

①准备资料，熟悉施工图纸。实物量法准备资料时，除准备定额单价法的各种编制资料外，重点应全面收集工程造价管理机构发布的工程造价信息及各种市场价格信息，如人工、材料、机械台班当时当地的实际价格，应包括不同品种、不同规格的材料预算价格，不同工种、不同等级的人工工资

单价，不同种类、不同型号的机械台班单价等。要求获得的各种实际价格应全面、系统、真实和可靠。

② 列项并计算工程量。本步骤与定额单价法相同。

③ 工料分析、套用消耗量定额，计算人工、材料、机械台班消耗量。根据预算人工定额所列各类人工工日的数量，乘以各分项工程的工程量，计算出各分项工程所需各类人工工日的数量，统计汇总后确定单位工程所需的各类人工工日消耗量。同理，根据预算材料定额、预算机械台班定额分别确定出单位工程各类材料消耗数量和各类施工机械台班数量。

④ 计算并汇总人工费、材料费和施工机械使用费。根据当时当地工程造价管理部门定期发布的或企业根据市场价格确定的人工工资单价、材料预算价格、施工机械台班单价分别乘以人工、材料、机械台班消耗量，汇总即得到单位工程人工费、材料费和施工机具使用费。

⑤ 计算其他各项费用，汇总造价。本步骤与定额单价法相同。

⑥ 复核、填写封面、编制说明。检查人工、材料、机械台班的消耗量计算是否准确，有无漏算、重算或多算，套用的定额是否正确，检查采用的实际价格是否合理。其他内容可参考定额单价法。

实物量法与定额单价法首尾部分的步骤基本相同，不同的主要是中间两个步骤，即：一方面，采用实物法计算工程量后，套用相应人工、材料、施工机械台班预算定额消耗量，求出各分项工程人工、材料、施工机械台班消耗数量并汇总成单位工程所需各类人工工日、材料和施工机械台班的消耗量；另一方面，采用实物量法，采用的是当时当地的各类人工工日、材料和施工机械台班的实际单价，分别乘以相应的人工工日、材料和施工机械台班总的消耗量，汇总后得出单位工程的人工费、材料费和施工机具使用费。在市场经济条件下，人工、材料和机械台班单价是随市场而变化的，它们是影响工程造价最活跃、最主要的因素。用实物量法编制施工图预算，采用的是工程所在地当时人工、材料、机械台班价格，较好地反映实际价格水平，工程造价的准确性高。虽然计算过程较定额单价法烦琐，但利用计算机便可解决此问题。因此，实物量法是与市场经济体制相适应的预算编制方法。

（二）设备及工、器具购置费计算

设备购置费由设备原价和设备运杂费构成。未到达固定资产标准的工、器具购置费一般以设备购置费为计算基数，按照规定的费率计算。

（三）单位工程施工图预算书编制

单位工程施工图预算由建筑安装工程费和设备及工器具购置费组成，将计算好的建筑安装工程费和设备及工器具购置费相加，即得到单位工程施工图预算。

单位工程施工图预算书由单位建筑工程预算书和单位设备及安装工程预算书组成。单位建筑工程预算书则主要由建筑工程预算表和建筑工程取费表构成，单位设备及安装工程预算书则主要由设备及安装工程预算表和设备及安装工程取费表构成。

四、单项工程综合预算的编制

单项工程综合预算造价由组成该单项工程的各个单位工程预算造价汇总而成。单项工程综合预算书主要由综合预算表构成。

五、施工图预算的审查

对施工图预算进行审查，有利于核实工程实际成本，更有针对性地控制工程造价。

（一）施工图预算的审查内容

重点应审查：工程量的计算，定额的使用，设备材料及人工、机械价格的确定，相关费用的选取和确定。

（1）工程量的审查。工程量计算是编制施工图预算的基础性工作之一，对施工图预算的审查，应首先从审查工程量开始。

（2）定额使用的审查。应重点审查定额子目的套用是否正确。同时，对于补充的定额子目，要对其各项指标消耗量的合理性进行审查，并按程序报批，及时补充到定额当中。

（3）设备材料及人工、机械价格的审查。设备材料及人工、机械价格受时间、资金和市场行情等因素的影响较大，且在工程总造价中所占比例较高，因此，应作为施工图预算审查的重点。

（4）相关费用的审查。审查各项费用的选取是否符合国家和地方有关规定，审查费用的计算和计取基数是否正确、合理。

（二）施工图预算审查的方法

通常可采用以下方法对施工图预算进行审查：

（1）全面审查法。全面审查法又称逐项审查法，是指按预算定额顺序或施工的先后顺序，逐一进行全部审查。其优点是全面、细致，审查的质量高；缺点是工作量大，审查时间较长。

（2）标准预算审查法。标准预算审查法是指对于利用标准图纸或通用图纸施工的工程，先集中力量编制标准预算，然后以此为标准对施工图预算进行审查。其优点是审查时间较短，审查效果好；缺点是应用范围较小。

（3）分组计算审查法。分组计算审查法是指将相邻且有一定内在联系的项目编为一组，审查某个分量，并利用不同量之间的相互关系判断其他几个分项工程量的准确性。其优点是可加快工程量审查的速度，缺点是审查的精度较差。

（4）对比审查法。对比审查法是指用已完工程的预结算或虽未建成但已审查修正的工程量预结算对比审查拟建类似工程施工图预算。其优点是审查速度快，但同时需要具有较为丰富的相关工程数据库作为开展工作的基础。

（5）筛选审查法。筛选审查法也属于一种对比方法。即对数据加以汇集、优选、归纳，建立基本值，并以基本值为准进行筛选，对于未被筛下去的，即不在基本值范围内的数据进行较为详尽的审查。其优点是便于掌握，审查速度较快；缺点是有局限性，较适用于住宅工程或不具备全面审查条件的工程项目。

（6）重点抽查法。重点抽查法是指抓住工程预算中的重点环节和部分进行审查。其优点是重点突出，审查时间较短，审查效果较好；不足之处是对审查人员的专业素质要求较高，在审查人员不足或了解情况不够的情况下，极易造成判断失误，严重影响审查结论的准确性。

第五章 建设项目招标投标阶段工程造价的控制

第一节 建设项目招标投标概述

一、招标投标的概念和性质

(一) 招标投标的概念

招标投标是在市场经济条件下进行工程建设、货物买卖、财产出租、中介服务等经济活动的一种竞争形式和交易方式，是引入竞争机制订立合同（契约）的一种法律形式。它是指招标人对工程建设、货物买卖、劳务承担等交易业务，事先公布选择采购的条件和要求，招引他人承接，若干或众多投标人作出愿意参加业务承接竞争的意思表示，招标人按照规定的程序和办法择优选定中标人的活动。

建设项目招标是指招标人在发包建设项目之前，公开招标或邀请投标人，根据招标人的意图和要求提出报价，择日当场开标，以便从中择优选定中标人的一种经济活动。

建设项目投标是工程招标的对称概念，是指具有合法资格和能力的投标人根据招标条件，经过初步研究和估算，在指定期限内填写标书，提出报价，并等候开标，决定能否中标的经济活动。

从法律意义上讲，建设项目招标一般是建设单位（或业主）就拟建的工程发布通告，用法定方式吸引建设项目的承包单位参加竞争，进而通过法定程序从中选择条件优越者来完成工程建设任务的法律行为。建设项目投标一般是经过特定审查而获得投标资格的建设项目承包单位，按照招标文件的要求，在规定的时间内向招标单位填报投标书，并争取中标的法律行为。

(二) 招标投标的性质

我国法学界认为，建设项目招标是要约邀请，而投标是要约，中标通知书是承诺。也就是说，招标实际上是邀请投标人对其招标文件响应并提出要约 (含报价)，招标属于要约邀请，所以招标文件中应列示足以使合同成立的主要合同条件，使投标人明确自己承担的风险以及合同主要条件；投标是要约，一旦中标，投标人将受投标书的约束，投标书的内容应实质性地响应招标文件，使之报价成为招标文件实质性的回应；中标是承诺，招标人向中标的投标人发出的中标通知书，则是招标人同意接受中标的投标人的报价，即同意接受该投标人在满足邀请要约条件下要约的意思表示，应属于承诺。

招标投标是一种引入竞争的市场交易方式，其交易过程形成了合同和合同价格。

二、建设项目招标的范围、种类和方式

(一) 建设项目招标的范围

(1) 我国《招标投标法》指出，凡在中华人民共和国境内进行下列工程建设项目，包括项目的勘察、设计、施工、监理以及与工程建设有关的重要设备、材料等的采购，必须进行招标。此类工程包括：

① 大型基础设施、公用事业等关系社会公共利益、公共安全的项目。

② 全部或者部分使用国有资金投资或国家融资的项目。

③ 使用国际组织或者外国政府贷款、援助资金的项目。

(2) 原国家计委对上述工程建设项目招标范围和规模标准又做出了具体规定。

① 关系社会公共利益、公众安全的基础设施项目的范围包括：煤炭、石油、天然气、电力、新能源等能源项目，铁路、公路、管道、水运、航空以及其他交通运输业等交通运输项目，邮政、电信枢纽、通信、信息网络等邮电通信项目，防洪、灌溉、排涝、引 (供) 水、滩涂治理、水土保持、水利枢纽等水利项目；道路、桥梁、地铁和轻轨交通、污水排放及处理、垃圾处理、地下管道、公共停车场等城市设施项目，生态环境保护项目，其他基础

设施项目。

②关系社会公共利益、公众安全的公用事业项目的范围包括：供水、供电、供气、供热等市政工程项目；科技、教育、文化等项目；体育、旅游等项目；卫生、社会福利等项目；商品住宅，包括经济适用住房；其他公用事业项目。

③使用国有资金投资项目的范围包括：使用各级财政预算资金的项目；使用纳入财政管理的各种政府性专项建设基金的项目；使用国有企业事业单位自有资金，并且国有资产投资者实际拥有控制权的项目。

④国家融资项目的范围包括：使用国家发行债券所筹资金的项目，使用国家对外借款或者担保所筹资金的项目，使用国家政策性贷款的项目，国家授权投资主体融资的项目，国家特许的融资项目。

⑤使用国际组织或者外国政府资金的项目的范围包括：使用世界银行、亚洲开发银行等国际组织贷款资金的项目，使用外国政府及其机构贷款资金的项目，使用国际组织或者外国政府援助资金的项目。

⑥以上第①条至第⑤条规定范围内的各类工程建设项目，包括项目的勘察、设计、施工、监理以及与工程建设有关的重要设备、材料等的采购，达到下列标准之一的，必须进行招标：

a.施工单项合同估算价在200万元人民币以上的。

b.重要设备、材料等货物的采购，单项合同估算价在100万元人民币以上的。

c.勘察、设计、监理等服务的采购，单项合同估算价在50万元人民币以上的。

d.单项合同估算价低于第a、b、c项规定的标准，但项目总投资额在3000万元人民币以上的。

⑦建设项目的勘察、设计，采用特定专利或者专有技术的，或者其建筑艺术造型有特殊要求的，经项目主管部门批准，可以不进行招标。

⑧依法必须进行招标的项目，全部使用国有资金投资或者国有资金投资占控股或者主导地位的，应当公开招标。

(二) 建设项目招标的种类

建设项目招标投标多种多样，按照不同的标准可以进行不同的分类。

1. 按照工程建设程序分类

按照工程建设程序，可以将建设项目招标投标分为：

(1) 建设项目前期咨询招标投标。

(2) 勘察设计招标。

(3) 材料设备采购招标。

(4) 工程施工招标。

(5) 建设项目全过程工程造价跟踪审计招标。

(6) 工程项目监理招标。

2. 按工程项目承包的范围分类

按工程承包的范围可将工程招标划分为：项目总承包招标、项目阶段性招标、设计施工招标、工程分承包招标及专项工程承包招标。

(1) 项目全过程总承包招标。项目全过程总承包招标，即选择项目全过程总承包人招标，其又可分为两种类型，其一是指工程项目实施阶段的全过程招标，其二是指工程项目建设全过程的招标。前者是在设计任务书完成后，从项目勘察、设计到施工交付使用进行一次性招标；后者则是从项目的可行性研究到交付使用进行一次性招标。业主只需提供项目投资和使用要求及竣工、交付使用期限，其可行性研究、勘察设计、材料和设备采购、土建施工设备安装及调试、生产准备和试运行、交付使用，均由一个总承包商负责承包，即所谓"交钥匙工程"。承揽"交钥匙工程"的承包商被称为总承包商，绝大多数情况下，总承包商要将工程部分阶段的实施任务分包出去。

无论是项目实施的全过程还是某一阶段或程序，按照工程建设项目的构成，可以将建设项目招标投标分为全部工程招标投标、单项工程招标投标、单位工程招标投标、分部工程招标投标、分项工程招标投标。全部工程招标投标，是指对一个建设项目(如一所学校)的全部工程进行的招标。单项工程招标，是指对一个工程建设项目中所包含的单项工程(如一所学校的教学楼、图书馆、食堂等)进行的招标。单位工程招标是指对一个单项工程所包含的若干单位工程(实验楼的土建工程)进行招标。分部工程招标是指对一项单位工程包含的分部工程（如土石方工程、深基坑工程、楼地面工程、装饰工程）进行招标。

应当强调指出的是，为了防止将工程肢解后进行发包，我国一般不允许对分部工程招标，允许特殊专业工程招标，如深基础施工、大型土石方工程施工等。但是，国内工程招标中的所谓项目总承包招标往往是指对一个项目施工过程全部单项工程或单位工程进行的总招标，与国际惯例所指的总承包尚有相当大的差距，为与国际接轨，提高我国建筑企业在国际建筑市场的竞争能力，深化施工管理体制的改革，造就一批具有真正总承包能力的智力密集型的龙头企业，是我国建筑业发展的重要战略目标。

（2）工程分包招标。工程分包招标是指中标的工程总承包人作为其中标范围内的工程任务的招标人，将其中标范围内的工程任务，通过招标投标的方式，分包给具有相应资质的分承包人，中标的分承包人只对招标的总承包人负责。

（3）专项工程承包招标。专项工程承包招标是指在工程承包招标中，对其中某项比较复杂或专业性强、施工和制作要求特殊的单项工程进行单独招标。

3. 按工程承包模式分类

随着建筑市场运作模式与国际接轨进程的深入，我国承包模式也逐渐呈多样化，主要包括工程咨询承包、交钥匙工程承包模式、设计施工承包模式、设计管理承包模式、BOT 工程模式、CM 模式。

(三) 建设项目招标的方式

工程项目招标的方式在国际上通行的为公开招标、邀请招标和议标，但《中华人民共和国招投标法》未将议标作为法定的招标方式，即法律所规定的强制招标项目不允许采用议标方式。这主要是因为我国国情与建筑市场的现状条件，不宜采用议标方式。但法律并不排除议标方式。

1. 公开招标

（1）定义。公开招标又称为无限竞争招标，是由招标单位通过报刊、广播、电视等方式发布招标广告，有投标意向的承包商均可参加投标资格审查，审查合格的承包商可购买或领取招标文件，参加投标的招标方式。

（2）公开招标的特点。公开招标方式的优点是：投标的承包商多、竞争范围大，业主有较大的选择余地，有利于降低工程造价，提高工程质量和缩短工期。其缺点是：由于投标的承包商多，招标工作量大，组织工作复杂，需投入较多的人力、物力，招标过程所需时间较长，因而此类招标方式主要适用于投资额度大，工艺、结构复杂的较大型工程建设项目。公开招标的特点一般表现为以下几个方面：

① 公开招标是最具竞争性的招标方式。它参与竞争的投标人数量最多，且只要符合相应的资质条件便不受限制，只要承包商愿意便可参加投标，常常少则十几家，多则几十家，甚至上百家，因而竞争程度最为激烈。它可以最大限度地为一切有实力的承包商提供一个平等竞争的机会，招标人也有最大容量的选择范围，可在为数众多的投标人之间择优选择一个报价合理、工期较短、信誉良好的承包商。

② 公开招标是程序最完整、最规范、最典型的招标方式。它形式严密，步骤完整，运作环节环环相扣。公开招标是适用范围最为广阔、最有发展前景的招标方式。在国际上，谈到招标通常都是指公开招标。在某种程度上，公开招标已成为招标的代名词，因为公开招标是工程招标通常适用的方式。在我国，通常也要求招标必须采用公开招标的方式进行。凡属招标范围的工程项目，一般首先必须要采用公开招标的方式。

③ 公开招标也是所需费用最高、花费时间最长的招标方式。由于竞争激烈，程序复杂，组织招标和参加投标需要做的准备工作和需要处理的实际事务比较多，特别是编制、审查有关招标投标文件的工作量十分繁杂。

2. 邀请招标

（1）定义。邀请招标又称有限竞争性招标。这种方式不发布广告，业主根据自己的经验和所掌握的各种信息资料，向有承担该项工程施工能力的三个以上（含三个）承包商发出投标邀请书，收到邀请书的单位有权利选择是否参加投标。邀请招标与公开招标一样都必须按规定的招标程序进行，要制定统一的招标文件，投标人都必须按招标文件的规定进行投标。

（2）邀请招标的特点。邀请招标方式的优点是：参加竞争的投标商数目可由招标单位控制，目标集中，招标的组织工作较容易，工作量比较小。其缺点是：由于参加的投标单位相对较少，竞争范围较小，使招标单位对投标单位的选择余地较少，如果招标单位在选择被邀请的承包商前所掌握信息资料不足，则会失去发现最适合承担该项目的承包商的机会。

邀请招标和公开招标是有区别的，主要是：

① 邀请招标的程序比公开招标简化，如无招标公告及投标人资格审查的环节。

② 邀请招标在竞争程度上不如公开招标强。邀请招标参加人数是经过选择限定的，被邀请的承包商数目在3~10个，不能少于3个，也不宜多于10个。由于参加人数相对较少，易于控制，因此其竞争范围没有公开招标大，竞争程度也明显不如公开招标激烈。

③ 邀请招标在时间和费用上都比公开招标节省。邀请招标不可以省去发布招标公告费用、资格审查费用和可能发生的更多的评标费用。

但是，邀请招标也存在明显缺陷，它限制了竞争范围，由于经验和信息资料的局限性，会把许多可能的竞争者排除在外，不能充分展示自由竞争、机会均等的原则。

第二节　建设项目招标与招标控制价

一、建设工程招标文件的编制原则

招标文件是招标单位向投标单位介绍招标工程情况和招标的具体要求的综合性文件。因此，招标文件的编制必须做到系统、完整、准确、明晰，即目标明确，能够使投标单位一目了然。建设单位也可以根据具体情况，委托具有相应资质的咨询、监理单位代理招标。编制招标文件一般应遵循以下原则：

（1）招标单位、招标代理机构及建设项目应具备招标条件。

（2）必须遵守国家的法律、法规及贷款组织的要求。招标文件是中标人签订合同的基础，也是进行施工进度控制、质量控制、成本控制及合同管理的基本依据。如果建设项目是贷款项目，则其必须按规定和审批程序来编制招标文件。

（3）公平、公正处理招标单位和承包商的关系，保护双方的利益。在招标文件中过多地将招标单位风险转移给投标单位一方，势必使投标单位加大风险，提高投标报价，反而会使招标单位增加支出。

（4）招标文件的内容要力求统一，避免文件之间的矛盾。招标文件涉及投标单位须知、合同条件、技术规范、工程量清单等多项内容。当项目规模大、技术构成复杂、合同多时，编制招标文件应重视内容的统一性。如果各部分之间矛盾多，就会增加投标工作和履行合同过程中的争议，影响工程施工，造成经济损失。

（5）详尽地反映项目的客观和真实情况。只有客观、真实的招标文件才能使投标单位的投标建立在可靠的基础上，减少签约和履行过程中的争议。

（6）招标文件的用词应准确、简洁、明了。招标文件是投标文件的编辑依据，投标文件是工程承包合同的组成部分，客观上要求在编写中必须使用规范用语、本专业术语，做到用词准确、简洁和明了，避免歧义。

（7）尽量采用行业招标范本格式或其他贷款组织要求的范本格式编制招标文件。

二、招标控制价

（一）招标控制价的概念

招标控制价是指招标人根据国家或省级、行业建设主管部门颁发的有关计价依据和办法，按设计施工图样计算的，对招标工程限定的最高工程造价。其是反映招标人对招标工程造价期望的最高控制值，投标人的投标报价高于招标控制价的，其投标报价应予以拒绝。

（二）招标控制价文件的内容

按照 2013 版《建设工程工程量清单计价规范》要求，一份完整的招标控制价文件是由封面、编制说明、工程招标控制价汇总、单位工程招标控制价、分部分项工程量清单与计价表、工程量清单综合单价分析表等多项内容汇总而成的。同时，表格的内容还要结合工程实际进行取舍，如在有的单位工程项目中不考虑计日工，则相应的表格可省略等。详细的成果文件有如下内容：

（1）招标控制价封面。

（2）总说明。

（3）工程项目招标控制价。

（4）单项工程招标控制价。

（5）单位工程招标控制价。

（6）分部分项工程量清单与计价表。

（7）工程量清单综合单价分析表。

（8）措施项目清单与计价表（一）。

（9）措施项目清单与计价表（二）。

（10）其他项目清单与计价汇总表。

（11）暂列金额明细表。

（12）材料暂估价表。

（13）专业工程暂估价表。

（14）计日工表。

（15）总承包服务费计价表。

（16）规费、税金项目清单及计价表。

（三）招标控制价价格编制方法

目前，招标控制价价格编制方法主要有定额计价法和工程量清单计价法两种。

1. 定额计价法编制招标控制价

（1）单位估价法：先算出工程量，然后套（概）预算定额，用工程量乘以定额单价（定额基价）得出直接工程费，再加措施费得出直接费后，再以直接费或人工费为基础计算出间接费，最后求出利润、税金和价差并汇总即得工程建安费用。然后，在此基础上综合考虑工期、质量、自然地理及工程风险等因素所增加的费用就是招标控制价价格。

（2）实物计价法：首先算出工程量，然后套消费量定额计算出工程所需的人工、材料、机械台班数量，然后再分别乘以工程所在地相对应的人工、材料、机械单价、建筑工程造价整理相加得出的直接工程费、措施费，进而算出直接费、间接费、利润、税金，汇总后即是工程建安费，在此基础上综合考虑工程质量、自然地理及工程风险等因素所增加的费用就是招标控制价价格。

2. 工程量清单计价法编制招标控制价

工程量清单计价法编制招标控制价就是根据统一项目设置的划分，按照统一的工程量计算规则先计算出分项工程的清单工程量和措施项目清单工程量（并注明项目编码、项目名称及计量单位），然后再分别计算出对应的综合单价，两者相乘就得到合价，即分部分项工程的清单费用和部分措施费用，再按相关规定算出其他措施费、其他费用和税金后即得招标控制价价格。

第三节　建设项目投标报价与策略

一、施工投标报价的编制

（一）工程投标报价的编制原则

（1）必须贯彻执行国家的有关政策和方针，符合国家的法律、法规和公共利益。

（2）认真贯彻等价有偿的原则，投标人应依据招标文件及其招标工程量清单自主确定报价成本，投标报价不得低于工程成本。

（3）工程投标报价的编制必须建立在科学分析和合理计算的基础之上，要较准确地反映工程价格。投标人应按招标工程量清单填报价格。项目编码、项目名称、项目特征、计量单位、工程量必须与招标工程量清单一致。

（4）投标价应由投标人或受其委托具有相应资质的工程造价咨询人编制。

（5）以施工方案、技术措施等作为投标报价计算的基本条件，投标人可根据工程实际情况结合施工组织设计，对招标人所列的措施项目进行增补。

（6）以反映企业技术和管理水平的企业定额作为计算人工、材料和机械台班消耗量的基本依据。

（二）工程投标报价的编制依据

（1）计价规范。

（2）国家或省级、行业建设主管部门颁发的计价办法。

（3）企业定额，国家或省级、行业建设主管部门颁发的计价定额。

（4）招标文件、工程量清单及其补充通知、答疑纪要。

（5）建设工程设计文件及相关资料。

（6）施工现场情况、工程特点及拟定的投标施工组织设计或施工方案。

（7）与建设项目相关的标准、规范等技术资料。

（8）市场价格信息或工程造价管理机构发布的工程造价信息。

（9）其他的相关资料。

（三）工程投标报价的编制方法

与招标控制价编制方法类似，投标报价的编制方法也分为定额计价法与工程量清单计价法。

（1）定额计价法。通常采用的是单位估价法：先算出工程量，然后套（概）预算定额，用工程量乘以定额单价（定额基价）得出直接工程费，再加措施费得出直接费，以直接费或是人工费为基础计算出间接费，最后求出利润、税金和价差即得工程建安费用。然后，在此基础上综合考虑工期、质量、自然地理及工程风险等因素所增加的费用就是投标报价。

（2）工程量清单计价法。目前，在我国基本上采用工程量清单计价模式进行招标，其具体做法如下：

① 清单工程量审核与调整。投标单位要根据招标文件的规定，确定其中所列的工程量清单是否可以调整。如果可以调整，就要详细审核工程量清单所列的各项工程量，对其中误差大的，要在招标单位答疑会上提出调整意见，取得招标单位同意后进行调整；如果不允许调整，则不需要对工程量进行详细的审核，只对主要项目或是工程量大的项目进行审核，发现有较大的误差时可以通过调整这些项目的综合单价进行解决。

② 综合单价计算。投标单位根据施工现场实际情况及拟定的施工方案或是施工组织设计、企业定额和市场价格信息对招标文件中所列工程量清单项目进行综合单价计算，综合单价包括人工费、材料费、机械台班费、管理费及利润，并适当考虑风险因素等费用。

③ 分部分项工程费和部分措施费计算。清单工程量乘以其对应综合单

价就可以得到分部分项工程的合价和部分措施项目费，再按费率或其他计算规则算出另一部分措施费。

④ 计算规费、其他项目费用、税金，汇总即得该工程投标书的报价。

二、工程投标报价策略与技巧

投标报价策略是投标人在投标竞争中的系统工作部署及参与投标竞争的方式和手段。对投标单位而言，投标报价策略是投标取胜的重要方式、手段和艺术。投标报价策略可分为基本策略和报价技巧两个层面。

为了在竞争中取胜，决策者应当对报价计算的准确度，期望利润是否合适，报价风险及本公司的承受能力，当地的报价水平，以及对竞争对手优势的分析评估等进行综合考虑，然后决定最后的报价金额。

（一）基本策略

投标报价的基本策略主要是指投标单位应根据招标项目的不同特点，并考虑自身的优势和劣势，选择不同报价。在选择基本策略时应注意以下问题：

（1）决策的主要资料依据应当是本公司算标人员的计算书和分析指标。报价决策不是由算标人员的具体计算决定，而是由决策人员同算标人员一起，对各种影响报价的因素进行分析，并作出果断和正确的决策。

（2）各公司算标人员获得的基础价格资料是相近的，因此从理论上分析，各投标人报价同标底价格都应当相差不远。之所以出现差异，主要是由于以下原因：① 各公司期望盈余（计划利润和风险费）不同；② 各自拥有不同优势；③ 选择的施工方案不同；④ 管理费用有差别等。鉴于以上情况，在进行投标决策研讨时，应当正确分析本公司和竞争对手情况，并进行实事求是的对比评估。

（3）报价决策也应考虑招标项目的特点，一般来说对于下列情况报价可高一点：① 施工条件差、工程量小的工程；② 专业水平要求高的技术密集型工程，而本公司在这方面有专长、声望高；③ 支付条件不理想的工程等。如果与上述情况相反且投标对手多的工程，报价应低一些。

(二) 报价技巧

报价技巧是指投标中具体采用的对策和方法。报价的技巧研究，其实是在保证工程质量与工期条件下，为了中标并获得期望的效益，投标程序全过程几乎都要研究的问题。

(1) 不平衡报价。不平衡报价是指在总价基本确定的前提下，如何调整内部各个子项的报价，以期既不影响总报价，又在中标后投标人可尽早收回垫支于工程中的资金和获取较好的经济效益。但要注意避免畸高畸低现象，避免失去中标机会。通常采用的不平衡报价有下列几种情况：

① 对能早期结账收回工程款的项目（如土方、基础等）单价可报以较高价，以利于资金周转；对后期项目（如装饰、电气设备安装等）单价可适当降低。

② 估计今后工程量可能增加的项目，其单价可提高，而工程量可能减少的项目，其单价可降低。

但上述两点要统筹考虑。对于工程量数量有错误的早期工程，如不可能完成工程量表中的数量，则不能盲目抬高单价，需要具体分析后再确定。

③ 图样内容不明确或有错误，估计修改后工程量要增加的，其单价可提高；而工程内容不明确的，其单价可降低。

④ 没有工程量只填报单价的项目（如疏浚工程中的开挖淤泥工作等），其单价宜高。这样，既不影响总的投标报价，又可多获利。

⑤ 对于暂定项目，其实施的可能性大的项目，价格可提高；估计该工程不一定实施的，可定低价。

(2) 多方案报价法。多方案报价法是利用工程说明书或合同条款不够明确之处，以争取达到修改工程说明书和合同为目的的一种报价方法。当工程说明书或合同条款有些不够明确之处时，往往使投标人承担较大风险。为了减少风险就必须扩大工程单价，增加"不可预见费"，但这样做又会因报价过高而增加被淘汰的可能性，多方案报价法就是为应对这种两难局面而出现的。

其具体做法是在标书上报两个价目单价，一是按原工程说明书合同条款报一个价，二是加以注解，如工程说明书或合同条款可作某些改变时，则可降低多少的费用，使报价成为最低，以吸引业主修改说明书和合同条款。

还有一种方法是对工程中一部分没有把握的工作，注明按成本加若干酬金结算的办法。但是，如有规定，政府工程合同的方案是不容许改动的，这个方法就不能使用。

（3）增加建议方案。有时招标文件中规定，可以提一个建议方案，即可以修改原设计方案，提出投标者的方案。

投标人这时应抓住机会，组织一批有经验的设计和施工工程师，对原招标文件的设计和施工方案仔细研究，提出更合理的方案以吸引业主，促成自己的方案中标。这种新的建议方案可以降低总造价或提前竣工或使工程运用更合理，但要注意的是对原招标方案一定也要报价，以供业主比较。

增加建议方案时，不要将方案写得太具体，保留方案的技术关键，防止业主将此方案交给其他承包商，同时要强调的是，建议方案一定要比较成熟，或过去有实践经验，因为投标时间不长，如果仅为中标而匆忙提出一些没有把握的方案，可能引起后患。

（4）突然降价法。报价是一件保密的工作，但是对手往往通过各种渠道、手段来刺探情况，所以在报价时可以采取迷惑对方的手法。即先按一般情况报价或表现出自己对该工程兴趣不大，到快投标截止时，再突然降价。如鲁布革水电站引水系统工程招标时，日本大成公司知道它的主要竞争对手是前田公司，因而在临近开标前把总报价突然降低8.04%，取得最低标，为以后中标打下基础。

采用这种方法时，一定要在准备投标报价的过程中考虑好降价的幅度，在临近投标截止日期前，根据情报信息与分析判断，再做最后决策。

如果由于采用突然降价法而中标，因为开标只降总价，在签订合同后可采用不平衡报价的思想调整工程量表内的各项单价或价格，以期取得更高的效益。

（5）先亏后盈法。有的承包商，为了打进某一地区，依靠国家、某财团或自身的雄厚资本实力，而采取一种不惜代价，只求中标的低价投标方案。应用这种手法的承包商必须有较好的资信条件，并且提出的施工方案也是先进可行的，同时要加强对公司情况的宣传，否则即使低标价，也不一定被业主选中。

（6）开口升级法。将工程中的一些风险大、花钱多的分项工程或工作抛开，仅在报价单中注明，由双方再度商讨决定。这样大大降低了报价，用最低价吸引业主，取得与业主商谈的机会，而在议价谈判和合同谈判中逐渐提高报价。

（7）无利润算标。缺乏竞争优势的承包商，在不得已的情况下，只好在算标中根本不考虑利润去夺标。这种办法一般在处于以下条件时采用：① 有可能在得标后，将大部分工程分包给索价较低的一些分包商；② 对于分期建设的项目，先以低价获得首期工程，而后赢得机会创造第二期工程中的竞争优势，并在以后的实施中赚得利润；③ 较长时间内，承包商没有在建的工程项目，如果再不得标，就难以维持生存，因此，虽然本工程无利可图，只要能有一定的管理费维持公司的日常运转，就可设法度过暂时困难。

（8）计日工单价的报价。如果是单纯报计日工单价，且不计入总报价中，则可报高些，以便在建设单位额外用工或使用施工机械时多盈利。但如果计日工单价要计入总报价时，则要具体分析是否报高价，以免抬高总报价。总之，要分析建设单位在开工后可能使用的计日工数量，再来确定报价策略。

投标报价的技巧还可以再举出一些。聪明的承包商在多次投标和施工中还会摸索总结出应付各种情况的经验，并不断丰富完善。国际上知名的大牌工程公司，都有自己的投标策略和编标技巧，属于其商业机密，一般不会见诸于公开刊物。承包商只有通过自己的实践，积累总结，才能不断提高自己的编标报价水平。

三、工程投标文件的内容

建设工程投标文件是建设工程投标单位单方面阐述自己响应招标文件要求，旨在向招标单位提出意愿订立合同的意思表示，是投标单位确定、修改和解释有关投标事项的各种书面表达形式的统称。建设工程投标文件作为一种要约，必须符合一定的条件才能产生约束力。这些条件主要包括必须明确向招标单位表示愿意按招标文件的内容订立合同的意思，必须对招标文件提出的实质性要求和条件作出响应且不得以低于成本的报价竞标，必须由有资格的投标单位编制，必须按照规定的时间和地点递交给招标单位等。凡不符合的投标文件将被拒绝。

第四节　建设工程合同

一、建设工程施工合同文本概述

(一) 合同文本内容

通用合同条款是对承发包双方的权利义务作出的规定，除双方协商一致对其中的某些条款进行修改、补充或取消，双方都必须履行。它是将建设工程施工合同中共性的一些内容抽象出来编写的一份完整的合同文件。通用合同条款具有很强的通用性，基本适用于各类建设工程。通用合同条款由 20 部分 117 条组成。这 20 部分内容是：

（1）一般约定。

（2）发包人。

（3）承包人。

（4）监理人。

（5）工程质量。

（6）安全文明施工与环境保护。

（7）工期与进度。

（8）材料与设备。

（9）试验与检验。

（10）变更。

（11）价格调整。

（12）合同价格、计量与支付。

（13）验收与工程试车。

（14）竣工结算。

（15）缺陷责任与保修。

（16）违约。

（17）不可抗力。

（18）保险。

（19）索赔。

(20) 争议解决。

前述条款安排既考虑了现行法律法规对工程建设的有关要求，也考虑了建设工程施工管理的特殊需要。

专用合同条款是对通用合同条款原则性约定的细化、完善、补充、修改或另行约定的条款。是考虑到建设工程的内容各不相同，工期、造价也随之变动，承包人、发包人各自的能力、施工现场的环境和条件也各不相同，通用合同条款不能完全适用于各个具体工程，因此配之以专用合同条款对其作必要的修改和补充，使通用合同条款和专用合同条款成为双方统一意愿的体现。专用合同条款的条款号与通用合同条款相一致，但主要是对应通用条款内容，需完善内容的空格，由当事人根据工程的具体情况予以明确或者对通用合同条款进行修改、完善和补充。在使用专用合同条款时，应注意以下事项：专用合同条款的编号应与相应的通用合同条款的编号一致；合同当事人可以通过对专用合同条款的修改，满足具体建设工程的特殊要求，避免直接修改通用合同条款；在专用合同条款中有横道线的地方，合同当事人可针对相应的通用合同条款进行细化、完善、补充、修改或另行约定；如无细化、完善、补充、修改或另行约定，则填写"无"或划"/"。

此外，该示范文本还附有11个附件，分别是协议书附件：① 承包人承揽工程项目一览表、专用合同条款附件；② 发包人供应材料设备一览表；③ 工程质量保修书；④ 主要建设工程文件目录；⑤ 承包人用于本工程施工的机械设备表；⑥ 承包人主要施工管理人员表；⑦ 分包人主要施工管理人员表；⑧ 履约担保格式；⑨ 预付款担保格式；⑩ 支付担保格式；⑪ 暂估价一览。附件是对施工合同当事人的权利义务的进一步明确，并且使得施工合同当事人的有关工作一目了然，便于执行和管理。

(二) 施工合同文件的组成及解释顺序

组成建设工程施工合同的文件包括：

(1) 合同协议书。

(2) 中标通知书 (如果有)。

(3) 投标函及其附录 (如果有)。

(4) 专用合同条款及其附件。

(5) 通用合同条款。

(6) 技术标准和要求。

(7) 图样。

(8) 已标价工程量清单或预算书。

(9) 其他合同文件。

在合同订立及履行过程中形成的与合同有关的文件均构成合同文件组成部分，如双方有关工程的洽商、变更等书面协议或文件可视为施工合同的组成部分。上述各项合同文件包括合同当事人就该项合同文件所作出的补充和修改，属于同一类内容的文件，应以最新签署的为准。专用合同条款及其附件须经合同当事人签字或盖章。

建设工程合同的所有合同文件，应能互相解释、互为说明、保持一致。当事人对合同条款的理解有争议的，应按照合同所使用的词句、合同的有关条款、合同的目的、交易习惯以及诚实信用原则，确定该条款的真实意思。合同文本采用两种以上的文字订立并约定具有同等效力的，对各文本使用的词句推定具有相同含义。各文本使用的词句不一致的，应当根据合同的目的予以解释。

在工程实践中，当发现合同文件出现含糊不清或不相一致的情形时，通常按合同文件的优先顺序进行解释。合同文件的优先顺序，除双方另有约定的外，应按合同文件中的规定确定，即排在前面的合同文件比排在后面的更具有权威性。因此，在订立建设工程合同时对合同文件最好按其优先顺序排列。

二、建设工程施工合同文本中有关工程造价的主要条款

招标文件确定工程采用的合同范本形式，以及对其主要条款的进一步规定，只有在招标文件中明示招标人对合同主要条款的要求，投标人才可以谈到响应招标文件，填报合同价格。经过评标，中标人的中标价，也只有在之后签订合同时，主要合同条件不变的情况下，才理当形成合同价。但如果中标后再来谈与工程造价有关的主要条款，就可能重新产生加（减）价因素，使合同签订困难。即便是合同签订下来，施工单位可能也是不情愿的，则所签订的合同不完全是双方的意思表示，致使合同存在纠纷隐患。

工程造价的主要条款包括：预付工程款的数额、支付时间及抵扣方式；安全文明施工措施的支付计划，使用要求等；工程计量与支付工程进度款的方式、数额及时间；工程价款的调整因素、方法、程序、支付及时间；施工索赔与现场签证的程序、金额确认与支付时间；承担计价风险的内容、范围以及超出约定内容、范围的调整办法；工程竣工价款结算编制与核对、支付及时间；工程质量保证（保修）金的数额、预扣方式及时间；违约责任以及发生工程价款争议的解决方法及时间；与履行合同、支付价款有关的其他事项等。

三、建设工程施工合同价的类型与选择

（一）单价合同

单价合同是指合同当事人约定以工程量清单及其综合单价进行合同价格计算、调整和确认的建设工程施工合同，在约定的范围内合同单价不作调整。合同当事人应在专用合同条款中约定综合单价包含的风险范围和风险费用的计算方法，并约定风险范围以外的合同价格的调整方法，其中因市场价格波动引起的调整按《13 示范文本》第 11.1 款（市场价格波动引起的调整）约定执行。

单价合同一般是按当时的图样、招标文件以及技术资料等确定的综合单价，而工程量按实结算。一般情况招标方都是给一个暂定量。单价合同在合同实施时，一般情况下单价（即投标人投标时在工程量清单中填报的各项目的单价）是不变的。也就是说在结算时用合同文件规定的计量方法，核定的工程量乘以单价后作为价款的支付额。另外合同变更（包括设计变更）、政策调整、发包人风险等，在增加承包人的成本时，按合同约定办法调整。目前我国实行工程量清单计价的工程，应采用单价合同。

（1）估算工程量单价合同。这种合同是以工程量清单和工程单价表为基础和依据来计算合同价格的，亦可称为计量估价合同。估算工程量单价合同通常是由发包方提出工程量清单，列出分部分项工程量（对于实际情况复杂，如道路、水利、桥涵工程量，一些子目必须根据实际情况结算，其清单工程量一般都是估计的），承包方以此为基础填报相应单价，累计计算后得

出合同价格。但最后的工程结算价应按照实际完成的工程量来计算，即按合同中的分部分项工程单价和实际工程量，计算得出工程结算和支付的工程总价格。

估算工程量单价合同大多用于工期长、技术复杂、实施过程中可能会发生各种不可预见因素较多的建设工程；或发包方为了缩短项目建设周期，在施工图不完整或当准备招标的工程项目内容、技术经济指标一时尚不能明确、具体予以规定时，往往要采用这种合同计价方式。

（2）纯单价合同。采用这种计价方式的合同时，即在招标文件中仅给出工程内各个分部分项工程一览表、工程范围和必要的说明，而不必提供实物工程量。承包方在投标时只需要对这类给定范围的分部分项工程做出报价即可，合同实施过程中按实际完成的工程量进行结算。

这种合同计价方式主要适用于没有施工图、工程量不明，却急需开工的紧迫工程。

纯单价合同在约定的范围内合同单价不作调整，超过约定的范围时则按照约定风险范围以外的合同价格的调整方法对单价进行调整，一般是在工程招标文件、合同中约定。承包人采购材料和工程设备的，应在合同中约定主要材料、工程设备价格变化的范围或幅度，如没有约定，则材料、工程设备单价变化超过 5%，超过部分的价格应按照价格指数调整法或造价信息差额调整法计算调整材料、工程设备费。

（二）总价合同

总价合同是指合同当事人约定以施工图、已标价工程量清单或预算书及有关条件进行合同价格计算、调整和确认的建设工程施工合同，在约定的范围内合同总价不作调整。合同当事人应在专用合同条款中约定总价包含的风险范围和风险费用的计算方法，并约定风险范围以外的合同价格的调整方法，其中因市场价格波动引起的调整按《13 示范文本》第 11.1 款（市场价格波动引起的调整），因法律变化引起的调整按《13 示范文本》第 11.2 款（法律变化引起的调整）约定执行。

（1）固定总价合同。固定总价合同又称总价固定合同，是指发包人在招标文件中要求承包人按商定的总价承包工程。通常适用于规模较小、风险不大、技术不太复杂、工期不太长的工程。主要做法：以图样和工程说明书为依据，明确承包内容和计算包价，总价一次包定，一般不予变更。承包人比较好估算工程造价，发包人也容易筛选出最低报价，对发包人和承包人来说比较简便。

缺点：主要是对承包商有一定的风险，因为如果设计图样和说明书不太详细，未知数比较多，或者遇到材料突然涨价、地质条件和气候条件恶劣等意外情况，承包人就难以据此比较精确地估算造价，承担的风险就会增大，风险费用加大不利于降低工程造价，最终对发包人（建设单位）也不利。

（2）可调总价合同。可调总价合同是指合同总价在合同实施期内根据合同约定的办法调整，即在合同的实施过程中可以按照约定，随资源价格等因素的变化而调整的价格，又称变动总价合同。可调总价合同的总价一般也是以设计图样及规定、规范为基础，在报价及签约时，按招标文件的要求和当时的物价计算合同总价，但合同总价是一个相对固定的价格，在合同执行过程中，由于通货膨胀而使所用的工料成本增加，可对合同总价进行相应的调整。一般由于设计变更、工程量变化和其他工程条件变化所引起的费用变化都可以进行调整。对承包商而言，其风险相对较小，但对业主而言，不利于其进行投资控制，突破投资的风险较大。可调总价合同适用于工程内容和技术经济指标规定很明确的项目，由于合同中列有调值条款，所以工期在一年以上的工程项目较适于采用这种合同计价方式。

（三）成本加酬金合同

成本加酬金合同是将工程项目的实际投资划分成直接成本费和承包方完成工作后应得酬金两部分。工程实施过程中发生的直接成本费由发包方实报实销，再按合同约定的方式另外支付给承包方相应报酬。

这种合同，计价方式主要适用于工程内容及技术经济指标尚未全面确定，投标报价的依据尚不充分的情况下，发包方因工期要求紧迫，必须发包的工程；或者发包方与承包方之间有着高度的信任，承包方在某些方面具有独特的技术、特长或经验。

按照酬金的计算方式不同，成本加酬金合同又分为以下几种形式：

1. 成本加固定百分率酬金合同

采用这种合同计价方式，承包方的实际成本实报实销，同时按照实际成本的固定百分率付给承包方一笔酬金。

这种合同计价方式，工程总价及付给承包方的酬金随工程成本而水涨船高，这不利于鼓励承包方降低成本，正是由于这种弊病所在，使得这种合同计价方式很少被采用。

2. 成本加固定金额酬金合同

成本加固定金额酬金合同计价方式与成本加固定百分比酬金合同相似。其不同之处仅在于在成本上所增加的费用是一笔固定金额的酬金。酬金一般是按估算工程成本的一定百分率确定，数额是固定不变的。

采用上述两种合同计价方式时，为了避免承包方企图获得更多的酬金而对工程成本不加控制，往往在承包合同中规定一些补充条款，以鼓励承包方节约工程费用的开支，降低成本。

3. 成本加奖罚合同

采用成本加奖罚合同，在签订合同时双方事先约定该工程的预期成本或称目标成本和固定酬金，以及实际发生的成本与预期成本比较后的奖罚计算办法。

这种合同计价方式可以促使承包方关心和降低成本，缩短工期，而且目标成本可以随着设计的进展而加以调整，所以发承包双方都不会承担太大的风险，故这种合同计价方式应用较多。

4. 最高限额成本加固定最大酬金合同

在这种计价方式的合同中，首先要确定最高限额成本、报价成本和最低成本。当实际成本没有超过最低成本时，承包方花费的成本费用及应得酬金等都可得到发包方的支付，并与发包方分享节约额；如果实际工程成本在最低成本和报价成本之间，承包方只有成本和酬金可以得到支付；如果实际工程成本在报价成本与最高限额成本之间，则只有全部成本可以得到支付；实际工程成本超过最高限额成本，则超过部分，发包方不予支付。

（四）建设工程施工合同类型的选择

（1）项目规模和工期长短。如果项目的规模较小，工期较短，则合同类型的选择余地较大，总价合同、单价合同及成本加酬金合同都可选择；如果项目规模大，工期长，则项目的风险也大，合同履行中的不可预测因素也多，这类项目不宜采用总价合同。

（2）项目的竞争情况。

（3）项目的复杂程度。项目的复杂程度较高，总价合同被选用的可能性较小。项目的复杂程度低，则业主对合同类型的选择握有较大的主动权。

（4）项目的单项工程的明确程度。

（5）项目准备时间的长短。

（6）项目的外部环境因素。

实行工程量清单计价的工程，应采用单价合同；建设规模较小，技术难度较低，工期较短，且施工图设计已审查完备的建设工程可以采用总价合同；紧急抢险、救灾以及施工技术特别复杂的建设工程可以采用成本加酬金合同。

第六章　建设工程施工阶段工程造价控制

第一节　施工阶段工程造价控制概述

一、建设项目施工的概念

无论是大的还是小的建设项目，每一个建设项目都是从设想、策划开始，进而通过立项、可行性研究决策，进入项目勘察设计、招投标和施工阶段，直至竣工验收交付使用或生产运营，经历一个较长的建设期。在整个建设期内，由于项目的性质和特点不同，整个过程所需的时间也不完全相同。在这个过程中，各阶段各个环节的工作彼此相互联系，承前启后，有其内在的规律。在长期的工程建设实践过程中，人们将这种活动规律总结概括为建设程序。

建设项目经批准开工，项目便进入施工阶段，这是项目决策实施、建成投产发挥效益的关键环节。工程施工是使工程设计意图最终实现并形成工程实体的阶段，也是最终形成工程产品质量和工程使用价值的重要阶段。

二、建设工程施工阶段的工作特点

（1）施工阶段是以执行计划为主的阶段。进入施工阶段，建设工程目标规划和计划的制定工作基本完成，余下的主要工作是伴随着控制而进行的计划调整和完善。因此，施工阶段是以执行计划为主的阶段。

（2）施工阶段是实现建设工程价值和使用价值的主要阶段。建设工程的价值主要是在施工过程中形成的，包括转移价值和活动价值或新增价值。施工是形成建设工程实体、实现建设工程使用价值的过程。施工就是根据设计图纸和有关设计文件的规定，将施工对象由设想变为现实，由"纸上产品"变为实际的、可供使用的建设工程的物质生产活动。

（3）施工阶段是资金投入量最大的阶段。建设工程价值的形成过程，也是其资金不断投入的过程。虽然施工阶段影响投资的程度只有10%左右，但在保证施工质量、保证实现设计所规定的功能和使用价值的前提下，仍然存在通过优化的施工方案来降低物化劳动和活劳动消耗，从而降低建设工程投资的可能性。

（4）施工阶段需要协调的内容很多。这阶段占整个工程建设周期时间较长，主要是协调工程建设各承包单位，即设计单位、监理单位、总承包单位、专业承包单位、分包单位、材料设备供应单位之间，以及与政府有关职能部门如：建管、环保、绿化、消防、劳动、质监、公安、税务、城管等的工作关系，其最终目的是按合同工期保质、保量、保安全，全面完成业主的工程施工任务。

（5）施工质量对建设工程总体质量起保证作用。设计质量能否真正实现，或其实现程度如何，取决于施工质量的好坏。施工质量不仅对设计质量的实现起到保证作用，也对整个建设工程的总体质量起到保证作用。

施工阶段还有两个较为主要的特点，一是持续时间长，风险因素多；二是合同关系复杂，合同争议多。

三、施工阶段造价控制的方法

施工阶段是工程造价的实现阶段，影响施工阶段工程造价的因素有很多，主要有地质条件、物价、工程量以及气候。物价的变化是不受主观意识控制的，气候的变化一般情况下也是有规律的，唯有工程量的变化大多来源于工程变更。工程变更的多少直接决定了施工阶段工程造价的变化数量，所以施工阶段造价控制的重点应该是工程变更。

如何处理好施工阶段工程变更，要从业主或监理人和承包商双方入手，作为监理人或业主应进行严格审批、管理和控制，杜绝不合理和不必要的变更，而且设计变更一定要在施工前进行，避免施工后才变更的现象。作为承包商要抓好各个环节的成本控制工作，如人工、材料、机械、变更的签证、工程的索赔等。具体控制方法可从以下两个方面进行：

（一）业主或监理人的控制方法

（1）对工程变更进行严格的审批。工程变更必须建立在本工程的范围之内，否则就不能称为工程变更。

（2）做好施工图会审工作。施工图是工程施工的直接依据，所以，图纸会审是监理单位、设计单位和施工单位进行质量控制和造价控制的重要手段。

（3）要根据施工阶段复杂多变的特点，从经济、技术、组织等方面采取控制措施。经济措施就是要从经济上对成本进行动态管理，严格审核各项费用支出，采取对节约成本的奖励措施等；技术措施就是要对多种施工方案进行技术选择；组织措施就是要有明确的组织结构，有专人负责和明确管理职能分工。

（二）承包商的控制方法

施工阶段是一个经投入资源和条件的成本控制（事前控制）进而对施工过程及各环节进行人工、材料、机械控制（事中控制），直至对所完成的工程产品的质量检验与控制（事后控制）的全过程、全面、全员的系统控制过程，也是工程项目成本控制的重点。

第二节　工程变更及合同价款调整

一、工程变更的概念

根据相关规范规定，在工程项目实施过程中，按照合同约定的程序对部分或全部工程在材料、工艺、功能、构造、尺寸、技术指标、工程数量及其施工方法等方面做出的改变，称为工程变更。

二、工程变更的分类

由于工程建设的周期长，涉及的经济关系和法律关系复杂，受自然条件和客观因素的影响，因此项目的实际情况与项目招标投标时的情况相比会发生一些变化。工程变更包括工程量变更、工程项目的变更（如发包人提出增加或者删减原项目内容）、进度计划的变更、施工条件的变更等。按照变更的起因划分，变更的种类有很多，例如：发包人的变更指令（包括发包人对工程有了新的要求等）；由于设计错误，必须对设计图纸做修改；工程环境变化；由于产生了新的技术和知识而必须改变原设计、实施方案或实施计划；法律法规或者政府排斥的。因为我国要求严格按图设计，如果变更影响了原来的设计，则首先应当变更原设计，因此这些变更最终往往表现为设计变更。考虑到设计变更在工程变更中的重要性，往往将工程变更分为设计变更和其他变更两大类。

(一) 设计变更

设计变更是指设计单位依据建设单位要求调整，或对原设计内容进行修改、完善、优化。设计变更必须严格按照国家的规定和合同约定的程序进行。

能够构成设计变更的事项一般包括以下变更：

(1) 更改有关部分的标高、基线、位置和尺寸。

(2) 增减合同中约定的工程量。

(3) 改变有关工程的施工时间和顺序。

(4) 其他有关工程变更需要的附加工作。

(二) 其他变更

合同履行中发包人要求变更工程质量标准及发生其他实质性变更，由双方协商解决。

三、工程变更的处理程序

从合同角度，无论是设计变更还是其他变更，必须首先由一方提出，因此，可以分为发包人原因对原设计进行变更和承包人原因对原设计进行变更两种情况。

(1) 发包人原因对原设计进行变更。施工中发包人原因如果需要对原工程设计进行变更，发包人应不迟于变更前14天以书面形式向承包人发出变更通知。变更超过原设计标准或者批准的建设规模时，须经原规划管理部门和其他有关部门审查批准，并由原设计单位提供变更的相应图纸和说明。承包方根据发包方变更通知并按工程师要求进行变更。因变更导致合同价款的增减及造成的承包方损失由发包人承担，延误的工期相应顺延。若合同履行中发包方要求变更工程质量标准及发生其他实质性变更，由双方协商解决。

（2）承包人原因对原设计进行变更。承包人应严格按照图纸施工，不得随意变更设计。施工中承包人提出的合理化建议涉及对设计图纸或者施工组织设计的更改及对原材料、设备的更换，须经工程师同意。工程师同意变更后，并由原设计单位提供变更的相应图纸和说明，变更超过原设计标准或者批准的建设规模时，还须经原规划管理部门和其他有关部门审查批准。承包人未经工程师同意擅自更改或换用时，由承包人承担由此发生的费用并赔偿发包人的有关损失，延误工期不予顺延。

四、工程变更后合同价款的确定

设计变更发生后，承包人在工程变更确定后 14 天内，提出变更工程价款的报告，经工程师审核和发包人同意后调整合同价款。合同价款的调整按《建设工程施工合同（示范文本）》规定的工程变更价款的确定方法调整。

（1）合同中已有适用于变更工程的价格，按合同已有的价格变更合同价款。

（2）合同中只有类似于变更工程的价格，可以参照类似价格变更合同价款。

（3）合同中没有适用或类似于变更工程的价格，由承包人或发包人提出适当的变更价格，经对方确认后执行。

如双方不能达成一致意见，双方可提出请工程所在地工程造价管理机构进行咨询或按合同约定的争议或纠纷解决程序办理。因此，在变更后合同价款的确定上，首先应当考虑使用合同中已有的，能够适用或者能够参照适用的，其原因在于在合同中已经订立的价格（一般是通过招标投标）是较为公平、合理的，因此应尽量采用。

五、FIDIC 合同条件下的工程变更

根据 FIDIC 合同条件的规定，在颁布工程接收证书前的任何时间，在发包人授权范围内工程师可以根据施工现场的实际情况，在认为有必要时通过发布变更指令或以要求承包商递交建议书的任何一种方式提出变更。

(一) 工程变更的范围和内容

(1) 对合同约定的任意工程量的改变。合同在实施过程中，如果出现实际工程量与招标文件提供的工程量不符时，可按实际工程量为准，单价按合同专用条款中约定的实施，若工程量变化较大时，当事人双方应在专用条款中约定可以调整工程量的单价（视工程具体情况，可在 15%~25% 范围内确定）。

(2) 任何工作质量或其他特性的变更，如提高或降低质量标准。

(3) 工程任何部分标高、位置和尺寸的改变。

(4) 删减任何合同的约定工作内容，但要交由他人实施的工作除外。

(5) 新增工程按单独合同对待。

(6) 改变原来的施工顺序或时间安排。

(二) 工程变更的程序

(1) 工程师将计划变更事项通知承包商，并要求承包商实施变更建议书。

(2) 承包商应尽快予以答复。承包商依据工程师的指示递交实施的变更说明。其内容包括对将要实施的工作的进度计划以及说明，根据合同规定对进度计划和竣工时间做出必要的修改的建议，对变更估价的建议，提出变更费用和工期顺延的要求。若承包商由于非自身原因无法执行此项变更，应立即通知工程师。

(3) 工程师做出是否变更的决定，应尽快通知承包商。在此过程中应注意以下几点：

① 承包商在等待答复期间，不能延误任何工作。

② 工程师发出的每一项实施变更的指令，应要求承包商记录支出的费用。

③ 承包商提出的变更建议书，只能作为工程师决定实施是否变更的参考。除工程师做出指示或批准以总价方式支付的情况外，每一项变更应依据计量工程量进行估价和支付。

(三) 工程变更估价

工程师对每一项工作的估价应与合同双方协商并尽力达成一致。如果未能达成一致，工程师应按照合同规定在考虑实际情况后做出公正的决定。工程师应将每一项协议或决定向每一方发出通知，并附有具体的证明材料。

1. 变更估价原则

（1）变更工作在工程量表中有同种工作内容的单价，以该单价计算变更工程费用。

（2）工程量表中虽列有同类工作的单价或价格，但对具体变更工作而言已不适用，则应在原单价或价格的基础上制定合理的新单价或价格。

（3）变更工作的内容在工程量表中没有同类工作的单价或价格，应按照与合同单价或价格相一致的原则确定新的单价和价格。

2. 可以调整合同单价的原则

具备以下条件时，允许对某一项工作的单价或价格加以调整：

（1）此项工作实际测量的工程量比工程量表或其他报表中规定的工程量的变动大于 10%。

（2）工程量的变更与对该工作规定的具体单价的乘积超过了接受的合同款额的 0.01%。

（3）由于工程量的变更直接造成该项工作每单位工程量费用的变动超过 1%。

3. 删减原定工作后对承包商的补偿

工程师发出删减工作的变更指令后承包商不再实施该部分工作，合同价格中包括的人工、材料、施工和机械没有受到损失，但摊销在该部分的企业管理费、规费、利润、税金则实际上不能合同回收。因此，承包商可以就其损失向工程师发出通知并提供具体证明材料，工程师与合同双方协商后确定一笔补偿金额加入合同价内。

第三节　工程索赔

一、工程索赔的概念和分类

（一）工程索赔的概念

工程索赔是在工程承包合同履行中，合同一方当事人因对方不履行或未能正确履行合同义务或由于其他非自身原因而遭受经济损失或权利损害，通过合同约定的程序向对方提出经济和(或)时间补偿要求的行为。

工程索赔是双向的，承包人可以向发包人提出索赔，发包人也可以向承包人提出索赔。其中，承包商提出的索赔习惯上叫索赔，发包商提出的索赔叫反索赔。《建设工程施工合同(示范文本)》中通用条款中的索赔就是双向的。

但在工程实践中，发包人索赔数量较小，而且处理方便，可以通过冲账、扣拨工程款、扣保证金等实现对承包人的索赔；而承包人对发包人的索赔则比较复杂一些。通常情况下，索赔是指承包人(施工单位)在合同实施过程中，对非自身原因造成的损失而要求发包人给予补偿的一种权利要求。

对于索赔的含义，可以概括为以下三个方面：

(1) 一方违约使另一方蒙受损失，受损方向对方提出赔偿损失的要求。

(2) 发生应由发包人承担责任的特殊风险或遇到不利的自然灾害等情况，使承包人蒙受了较大的损失而向发包人提出补偿损失要求。

(3) 承包人本应当获得的正当利益，由于没能得到监理人的确认和发包人应给予的支持，而以正式函件向发包人索赔。

(二) 工程索赔的分类

工程索赔依据不同的标准可以进行不同的分类。

(1) 按索赔涉及当事人分类。

每一项索赔工作都涉及两方面的当事人，即索赔者和被索赔者。由于每项索赔的提出者和对象不同，索赔形式也不同，常见的有承包商与业主之间的索赔、总承包商与分包商之间的索赔、承包商与供货商之间的索赔。

① 承包商与业主之间的索赔。这是承包施工中最普遍的形式。在工程施工索赔中最常见的是承包商向业主提出的工期索赔和费用索赔，有时业主也向承包人提出费用索赔的要求。

② 总承包商与分包商之间的索赔。总承包商是向业主承担全部合同责任的签约人，其中包括分包商向总承包商所承担的那部分合同责任。

总承包商与分包商依据他们之间签订的分包合同，都有向对方提出索赔的权利，以维护自己的利益，获得额外开支的经济补偿。

  分包商向总承包商提出的索赔要求，经总承包商审核后：凡是属于业主责任范围内的事，均由总承包商汇总加工后向业主提出；凡是属于总承包商责任范围内的事项，则由总承包商与分包商协商解决。也就是说，无论是业主原因还是总承包商原因导致的索赔，分包商只能向总承包商提出索赔而不能直接向业主提出。有的分包合同规定：所有的属于分包合同范围内的索赔，只有当总承包商从业主方面取得索赔款后，才拨付给分包商。这是对总承包商的保护性条款，在签订分包合同时，应由签约双方具体协商。

  ③ 承包商与供货商之间的索赔。承包商在中标以后，根据合同规定的机械设备和工期要求，向设备制造商或材料供应商询价订货，签订供货合同。

  供货合同一般规定供货商提供设备的型号、数量、质量标准和供货时间等具体要求。如果供货商违反供货合同的规定，使承包商受到经济损失，承包商有权向供货商提出索赔；反之亦然。

  承包商与供货商之间的索赔一般称为商务索赔，以区别于承包商与业主之间的索赔。无论是施工索赔还是商务索赔，都属于工程承包施工的索赔范围。

  (2) 按索赔依据分类。

  ① 合同明示索赔。合同明示索赔是指承包人所提出的索赔要求，其涉及的内容在合同文件中有明确规定。

  ② 合同默示索赔。此项索赔内容和权利，虽然在工程合同条款中没有专门的文字描述，但可以根据该合同某些条款的含义，推论出承包人有索赔权。这种索赔要求，同样具有法律效力，有权得到相应的经济补偿。

  这种有经济补偿含义的条款在合同管理工作中被称为"默示条款"或"隐含条款"。默示条款是一个广泛的合同概念，它包含合同条款中没有写入，但符合双方签订合同时设想的愿望和当时环境条件的一切条款。这些默示条款，或者从明示条款所表述的设想愿望中引申出来，或者是从合同双方在法律上的合同关系引申出来，经合同双方协商一致，或被法律和法规所明示，都成为合同文件的有效条款，要求合同双方遵照执行。

  (3) 按索赔目的分类。

  ① 工期索赔。由于非承包人责任的原因而导致施工进程延误，要求批

准顺延合同工期的索赔，称为工期索赔。工期索赔形式上是对权利的要求，以避免在原定合同竣工日不能完成时，被发包人追究拖期违约责任。一旦获得批准合同工期顺延后，承包人不仅免除承担拖期违约赔偿费的严重风险，而且可能因提前结束工期得到奖励，最终仍反映在经济收益上。

②费用索赔。费用索赔的目的是要求经济补偿。当施工的客观条件改变导致承包人增加开支时，要求对超出计划成本的附加开支给予补偿，以挽回不应由承包人承担的经济损失。费用索赔的要求一旦获得批准，必然导致合同价款的调整。

（4）按索赔事件性质分类。

①工程变更索赔。工程变更索赔是由于发包人或监理人指令增加或减少工程量或增加附加工程、修改设计、变更工程顺序等，造成工期延长和费用增加，承包人提出的索赔。

②工期延误索赔。工期延误索赔因发包人未按合同约定提供施工条件，如未及时交付设计图纸、施工现场、道路等，或因发包人指令工程暂停或不可抗力事件等造成的工期延误，承包人对此提出的索赔，这是工程中常见的一类索赔。如果由于总承包人原因导致工期延误，发包人可以向总承包人提出索赔。

③合同被迫中止索赔。合同被迫中止索赔是由于发包人或承包人违约以及不可抗力事件等原因造成合同非正常中止，无责任的受害方因其蒙受经济损失而向对方提出的索赔。

④工程加速索赔。工程加速索赔是指由于发包人或监理人指令承包人加快施工进度，缩短工期，因此承包人的人、财、物的额外开支而提出的索赔。

⑤意外风险和不可预见因素索赔。意外风险和不可预见因素索赔是指在工程实施过程中，因人力不可抗拒的自然灾害、特殊风险以及一个有经验的承包人通常不能合理预见的不利施工条件或外界障碍（如地下水、地质断层、溶洞、地下障碍物等）引起的索赔。

⑥其他索赔。其他索赔是由于货币贬值、汇率变化、物价上涨、政策法令变化等原因引起的索赔。

（5）按索赔处理方式分类。

①单项索赔。单项索赔是针对某一干扰事件提出的。索赔的处理是在

合同实施的过程中，干扰事件发生时，或发生后立即执行。必须在合同规定的有效期内提交索赔意向书和索赔报告，它是索赔有效性的保证。

② 总索赔。总索赔又叫综合索赔。一般在工程竣工前，承包商将施工过程中未解决的索赔集中起来，提出一篇总索赔报告。合同双方在工程交付前后进行最终谈判，以解决索赔问题。

总索赔主要适用于单项索赔原因和影响都复杂，不能立即解决，或者双方有争议的。另外，在一些复杂工程中，当干扰事件多，几个干扰事件同时发生，或者有一定的连贯性，互相影响大，难以一一分清的，则可以在一起提出总索赔。

二、索赔的依据和成立条件

(一) 索赔的依据

(1) 工程施工合同。工程施工合同是工程索赔中最关键和最主要的依据，工程施工期间，发承包双方关于工程的洽商、变更等书面协议和文件，也是索赔的重要依据。

(2) 国家法律、法规。国家制定的相关法律、行政法规，是工程索赔的法律依据。工程项目所在地的地方性法规或地方政府规章，也可以作为工程索赔的依据，但应当在施工合同专用条款中约定为工程合同的适用法律。

(3) 国家、部门和地方有关的标准、规范和定额。对于工程建设的强制性标准，是合同双方必须严格执行的；对于非强制性标准，必须在合同中有明确规定的情况下，才能作为索赔的依据。

(4) 工程施工合同履行过程中与索赔事件有关的各种凭证。这是承包人因索赔事件所遭受费用和工期损失的事实依据，它反映了工程的计划情况和实际情况。

(二) 索赔的成立条件

(1) 索赔事件已造成了承包人直接经济损失或工期延误。

(2) 造成费用增加或工期延误的索赔事件是非承包人原因发生的。

(3) 承包人已经按安装工程施工合同规定的期限和程序提交了索赔意向

通知、索赔报告及相关证明材料。

三、费用索赔的计算

(一) 可索赔的费用

可索赔的费用一般包括人工费、设备费、材料费、管理费、利润、保函手续费、保险费、利息等。

(1) 人工费。人工费包括完成增加工作内容的人工费、停工损失费和工作效率降低的损失费等累计。其中，增加工作内容的人工费应按照计日工计算，而停工损失费和工作效率降低的损失费按窝工费计算，窝工费的标准双方应在合同中约定。

(2) 设备费。设备费可采用机械台班费、机械折旧费、设备租赁费等几种形式。

① 当工作内容增加引起设备费索赔时，设备费的标准按照机械台班费计算。

② 因窝工引起的设备费索赔，当施工机械属于施工企业自有时，按照机械折旧费计算索赔费用；当施工机械是施工企业从外部租赁时，索赔费用的标准按照设备租赁费计算。

(3) 材料费。可索赔的材料费包括以下几项：

① 索赔事项材料实际用量超过计划用量而增加的材料费。

② 客观原因材料价格大幅度上涨引起的材料费增加。

③ 非承包商的原因工程延误导致的材料价格上涨和超期储存费。

不可索赔的材料费是指因为承包商管理不当造成的材料损失。

(4) 管理费。此项管理费包括现场管理费和公司管理费两部分。

索赔费用中的现场管理费是指承包人完成额外工程、索赔事项工作以及工期延长、延误期间的现场管理费，一般包括现场管理人员的费用、办公费、通信费、差旅费、固定资产使用费、工具用具使用费等。公司管理费主要是指工程延误期间所增加的管理费。

(5) 利润。可索赔的利润包括以下几项：

① 因设计变更等引起的工程量增加。

② 施工条件变化导致的索赔。

③ 施工范围变更导致的索赔。

④ 合同延期导致机会利润损失。

⑤ 由于业主的原因终止或放弃合同带来预期利润损失等。

（6）保函手续费。工程延期时，保函手续费相应增加，反之，取消部分工程且发包人与承包人达成提前竣工协议时，承包人的保函金额相应扣减，则计入合同价内的保函手续费也相应扣减。

（7）保险费。不同的索赔事件中可以索赔的保险费是不同的。

（8）利息。利息包括延期付款的利息、由于工程变更和工程延期增加投资的利息、索赔款的利息、错误扣款的利息。

（二）费用索赔的计算方法

费用索赔的计算方法有实际费用法、总费用法、修正总费用法。

（1）实际费用法。该方法是按照各索赔事件所引起损失的费用项目分别分析计算索赔值，然后将各费用项目的索赔值汇总，即可得到总索赔费用值。这种方法以承包商为某项索赔工作所支付的实际开支为依据，但仅限于由于索赔事项引起的，超过原计划的费用，故也称额外成本法。在这种计算方法中，需要注意的是不要遗漏费用项目。

由于索赔费用组成的多样化，不同原因引起的索赔，承包人可索赔的具体费用内容有所不同，必须具体问题具体分析。由于实际费用法所依据的是实际发生的成本记录或单据，所以，施工过程中，系统而准确地积累记录资料是非常重要的。

（2）总费用法。总费用法又称总成本法，就是当发生多次索赔事件后，重新计算工程的实际费用，再从该实际总费用中减去投标报价时的估算总费用，即为索赔金额。

但是，在总费用的计算方法中，没有考虑实际总费用中可能包括由于承包商的原因而增加的费用，投标报价估算总费用也可能由于承包人为谋取中标而导致报价过低，因此，总费用法并不科学。只有在难以精确地确定某些索赔事件导致的各项费用增加额时，总费用才得以采用。

（3）修正总费用法。这种方法是对总费用法的改进，即在总费用计算的原则上，去掉一些不确定的可能因素，对总费用法进行相应的修改和调整，使其更加合理。修正的内容如下：

①计算索赔款的时段局限于受到索赔事件影响的时间，而不是整个施工期。

②只计算受到索赔事件影响时间段内的，某项工作所受影响的损失，而不是计算该时段内所有施工工作所受的损失。

③与该项工作无关的费用不列入总费用中。

④对投标报价费用进行重新核算，即按受影响时段内该项工作的实际单价进行核算，乘以实际完成的该项工作的工程量，得出调整后的报价费用。修正总费用法与总费用法相比，有了实质性的改进，它的准确程度已经接近实际费用法。

(三)工期索赔的计算

1.在工期索赔中特别应当注意以下问题：

(1)划清施工进度拖延的责任。因承包人的原因造成施工进度滞后，属于不可原谅的延期；只有承包人不应承担任何责任的延误，才是可原谅的延期。有时工程延期的原因中可能包含有双方责任，此时监理人应进行详细分析，分清责任比例，只有可原谅延期部分才能批准顺延合同工期。可原谅延期，又可细分为可原谅并给予补偿费用的延期和可原谅但不给予补偿费用的延期；后者是指非承包人责任的影响并未导致施工成本的额外支出，大多属于发包人应承担风险责任事件的影响，如异常恶劣的气候条件影响的停工等。

(2)被延误的工作应是处于施工进度计划关键线路上的施工内容。只有位于关键线路上工作内容的滞后，才会影响到竣工日期。但有时也应注意，既要看被延误的工作是否在批准进度计划的关键线路上，又要详细分析这一延误对后续工作的可能影响。因为若对非关键线路工作的影响时间较长，超过了该工作可用于自由支配的时间，也会导致进度计划中非关键线路转化为关键线路，其滞后将影响总工期的拖延。此时，应充分考虑该工作的自由时间，给予相应的工期顺延，并要求承包人修改施工进度计划。

2. 工期索赔的具体依据

承包人向发包人提出工期索赔的具体依据主要包括：

（1）合同约定或双方认可的施工总进度计划。

（2）合同双方认可的详细进度计划。

（3）合同双方认可的对工期的修改文件。

（4）施工日志、气象资料。

（5）业主或工程师的变更指令。

（6）影响工期的干扰事件。

（7）受干扰后的实际工程进度等。

3. 工期索赔的计算方法

（1）直接法。如果某干扰事件直接发生在关键线路上，造成总工期延误，可以直接将该干扰事件的实际干扰时间（延误时间）作为工期索赔值。

（2）比例计算法。如果某干扰事件仅仅影响某单项工程、单位工程或分部分项工程的工期，要分析其对总工期的影响，可采用比例计算法。比例计算法虽然简单方便，但有时不符合实际情况，而且比例计算法不适用于变更施工顺序、加速施工、删减工程量等事件的索赔。

（3）网络图分析法。网络图分析法是利用进度计划的网络图，分析其关键线路。如果延误的工作为关键工作，则总延误的时间为批准顺延的工期；如果延误的工作为非关键工作，当该工作由于延误超过时差限制而成为关键工作时，可以批准延误时间与时差的差值；若该工作延误后仍为非关键工作，则不存在工期索赔问题。

该方法通过分析干扰事件发生前和发生后网络计划的计算工期之差来计算工期索赔值，可以用于各种干扰事件和多种干扰事件共同作用所引起的工期索赔。

4. 共同延误的处理

在实际施工过程中，工期拖期很少是只由一方造成的，往往是两三种原因同时作用（或相互作用）而形成的，故称为"共同延误"。在这种情况下，要具体分析哪一种情况延误是有效的。

（1）首先判断造成拖期的哪一种原因是最先发生的，即确定"初始延误"者，它应对工程拖期负责。在初始延误发生作用期间，其他并发的延误者不承担拖期责任。

（2）如果初始延误者是发包人原因，则在发包人原因造成的延误期内，承包人既可得到工期延长，又可得到经济补偿。

（3）如果初始延误者是客观原因，则在客观因素发生影响的延误期内，承包人可以得到工期延长，但很难得到费用补偿。

（4）如果初始延误者是承包人原因，则在承包人原因造成的延误期内，承包人既不能得到工期补偿，也不能得到费用补偿。

第四节　建筑工程价款的结算

一、工程计量

（一）工程计量的概念

所谓工程计量，就是发承包双方根据合同约定，对承包人完成工程合同工程的数量进行的计算和确认。具体地说，就是双方根据设计图纸、技术规范和施工合同约定的计量方式和计算方法，对承包人已经完成的质量合格的工程实体数量进行测量和计算，并以物理计量单位和自然计量单位进行表示、确认的过程。

招标工程量清单中所列的数量，通常是根据设计图纸计算的数量，是对合同工程估计的工程量。工程施工过程中，通常会由于一些原因导致承包人实际完成工程量和工程量清单中所列工程量的不一致，如：招标工程量清单中缺项、漏项或项目特征描述与实际不符，工程变更，现场施工条件变化，现场签证，暂列工程中的专业工程发包等。因此，在工程合同价款结算前，必须对承包人履行合同义务完成的实际工程进行准确的计量。

（二）工程计量的原则

（1）不符合合同文件要求的工程不予计量。工程必须满足设计图纸、技术规范等合同文件对其在工程质量上的要求，同时，有关的工程质量验收资料齐全、手续完备，满足合同文件对其在工程管理上的要求。

（2）按合同文件所规定的方法、范围、内容和单位计量。工程计量的方法、范围、内容和单位受文件所约束，其中工程量清单（说明）、技术规范、合同条款均会从不同角度、不同侧面涉及这方面的内容。在计量中要严格遵循这些文件的规定，并且一定要结合起来使用。

（三）工程计量的范围和依据

（1）工程计量的范围包括：工程量清单及工程变更所修订的工程量清单的内容；合同文件中规定的各种费用支付项目，如费用索赔、各种预付款、价格调整、违约金等。

（2）工程计量的依据包括：工程量清单及说明、合同图纸、工程变更令及其修订的工程量清单、合同条件、技术规范、有关计量的补充协议、质量合格证书等。

（四）工程计量的方法

（1）单价合同计量。单价合同工程量必须以承包人完成合同工程应予计量的，按照现行国家计量规范规定的工程量计算规则计算得到的工程量确定。施工中工程计量时，若发现招标工程量清单中出现缺项、工程量偏差，或因工程变更引起工程量的增减，应按承包人在履行合同义务中完成的工程量计算。

（2）总价合同计量。采用经审定批准的施工图纸及其预算方式发包形成的总价合同，除按照工程变更规定引起的工程量增减外，总价合同各项目的工程量是承包人用于结算的最终工程量。总价合同约定的项目计量应以合同工程经审定批准的施工图纸为依据，发承包双方应在合同中约定工程计量的形象目标或时间节点进行计量。

二、工程价款的结算方法

工程价款结算从大的方面分中间结算和竣工结算两种情况，具体分为：按月结算、分段结算、目标价款结算、竣工后一次结算、双方约定的结算方式。

（一）按月结算

实行旬末或月中预支，月中结算，竣工后清算的办法。跨年度的工程，在年终进行工程盘点，办理年度结算。我国现行建筑安装工程价款结算中，相当一部分是实行这种按月结算。

年度结算是指单位和单项工程不能在本年度竣工，而要转入下年施工。为了正确统计施工企业本年度的经营成果和建设投资完成情况，由施工企业、建设单位和建设银行对正在施工的工程进行已完成和未完成工程量盘点，结算本年度的工程价款。

（二）分段结算

分段结算指当年开工，当年不能竣工的单项（或单位）工程，按其施工形象进度划分为若干施工阶段，按阶段进行工程价款结算。分段的划分标准，由各部门或省、自治区、直辖市计划单列出规定。

（三）目标价款结算

在工程合同中，将承包工程的内容分解成不同的控制界面，以建设单位验收控制界面作为支付工程价款的前提条件。也就是说，将合同中的工程内容分解为不同的验收单元，当承包商完成单元工程内容并经建设单位验收后，业主支付构成单元工程内容的工程价款。

（四）竣工后一次结算

工程竣工结算是指工程完工，并经建设单位及有关部门验收后，办理的工程结算。建设项目或单项工程建设期在 12 个月以内，或者工程承包合同价值在 100 万元以下的，可以实行工程价款每月月中预支，竣工后一次结算。一般按建设项目工期长短不同分为以下两种：

（1）建设项目竣工结算。它指建设项目工期在一年内的工程，一般以整个建设项目为结算对象，实行竣工后一次结算。

（2）单项工程竣工结算。它指当年不能竣工的建设项目，其单项工程在当年开工当年竣工的，实行单项工程竣工后一次结算。

(五) 双方约定的结算方式

双方根据工程实际情况可自行约定其他结算方式。

三、工程预付款

施工企业承包工程一般实行包工包料，这就需要一定数量的备料周转金。在工程承包合同条款中，一般会明确规定在开工前发包人拨付给承包人一定限额的工程预付款。

工程预付款用于承包人为合同工程施工购置材料、工程设备、施工设备、修建临时设施以及组织施工队伍进场等。预付款的额度及预付办法在专用合同条款中约定。预付款必须专用于本项合同工程。

(一) 工程预付款的支付时间

工程预付款的支付时间和数额应当在合同的专用条款中约定。根据财政部、建设部《关于印发〈建设工程价款结算暂行办法〉的通知》的规定，在具备施工条件的前提下，发包人应在双方签订合同后一个月或不迟于约定的开工日期前的7天内预付工程款，发包人不按约定预付，承包人应在预付时间到期后10天内向发包人发出要求预付的通知，发包人收到通知后仍不按要求预付，承包人可在发出通知14天后停止施工，发包人应从约定应付之日起向承包人支付应付款利息(利息按同期银行贷款利率计)，并承担违约责任。

工程预付款仅用于承包人支付施工开始时与本工程有关的动员费用。若承包人滥用此款，发包人有权立即收回。

(二) 工程预付款数额

影响工程预付款数额大小的因素很多，主要有工程类型、合同工期、承包方式、供应体制、主要材料占工程造价比重等。例如，钢结构工程的主要材料所占比重就比较大，其工程预付款数额应相应提高；而材料由承包人自行采购的工程预付款数额比由发包人提供材料的要高，工期短的比工期长的工程预付款数额要高。

根据《建设工程价款结算暂行办法》的规定，包工包料工程的预付款按合同约定拨付，原则上预付比例不低于合同金额的 10% 且不高于合同金额的 30%；对于重大工程项目，按年度工程计划逐年预付。计价执行"13 规范"的工程，实体性消耗和非实体性消耗部分应在合同中分别约定预付款比例。

一般建筑工程不应超过当年建筑工程量（包括水、电、暖）的 30%，安装工程按年安装工作量的 10% 计算，材料占比重较大的安装工程按年计划产值的 15% 左右拨付。对于包工不包料的工程项目，可以不付工程预付款。

（三）预付款的扣回

按照"13 规范"的规定，发包人支付给承包人的工程预付款，按照合同约定在工程进度款中抵扣。工程预付款属于预支的性质，工程实施后，随着工程所用材料储备的逐步减少，应以抵充工程款的方式陆续扣回，即在承包人应得的工程进度款中扣回，抵扣方法必须在合同中约定。扣回的时间称为起扣点，起扣的计算方法有按公式计算和按发承包双方在合同中的约定计算两种。

（1）按公式计算。这种方法原则上是以未施工工程所需的主要材料及构件的价值，相当于工程预付款时起扣。从每次结算的工程价款中按材料比重抵扣工程价款，竣工前全部扣清。

（2）按发承包双方在合同中的约定计算。在承包人完成金额累计达到合同总价一定比例（双方合同约定）后，由发包人从每次应付给承包人的工程款中扣回工程预付款，在合同规定的完工期前将预付款扣回。

例如，发承包双方在合同中约定预付工程款为合同价的 12%，自承包人所获得工程进度支付款累计达到合同价的 15% 的当月开始起扣。

根据《建设工程施工合同（示范文本）》的规定，在承包人完成金额累计达到合同总价的 10% 后，发包人从每次应付给承包人的工程款中扣回工程预付款，发包人至少在合同规定的完工期前三个月将工程预付款的总金额按逐次分摊的办法扣回。

在颁发工程接收证书前，由于不可抗力或其他原因解除合同时，尚未扣清的预付款余额应作为承包人的到期应付款。

(四) 预付款担保

预付款担保是指承包人与发包人签订合同后领取预付款前，承包人正确、合理地使用发包人支付的预付款而提供的担保。其主要作用是保证承包人能够按照合同规定使用并及时偿还发包人已支付的全部预付款金额。如果承包人中途毁约，中止工程，使发包人不能在规定期限内从应付工程款中扣除全部预付款，则发包人有权从该项担保金额中获得补偿。

预付款担保形式主要是银行保函。预付款担保的担保金额通常与发包人的预付款是等值的。承包人应在收到预付款的同时向发包人提交预付款保函。预付款一般逐月从工程进度款中扣除，预付款担保的担保金额也相应逐月减少。承包人在施工期间，应当定期从发包人处取得同意此保函减值的文件，并送交银行确认。承包人还清全部预付款后，发包人应退还预付款担保，承包人将其退回银行注销，解除担保责任。

预付款担保也可以采用发承包双方约定的其他形式，如由担保公司提供担保，或采取抵押等担保形式。承包人的预付款保函的担保金额根据预付款扣回的数额相应递减，但在预付款全部扣回之前一直保持有效。发包人应在预付款扣完后的14天内将预付款保函退还给承包人。

(五) 安全文明措施费

发包人应在工程开工后的28天内预付不低于当年施工进度计划的安全文明措施费总额的60%，其余部分按照提前安排的原则进行分解，与进度款同期支付。

发包人没有按期支付安全文明措施费的，承包人可催告发包人支付；发包人在付款期满后7天内仍未支付的，若发生安全事故，发包人应承担连带责任。

四、进度款支付

进度款支付是指发包人在合同工程施工过程中，按照合同约定对付款周期内承包人完成的合同价款给予支付的款项。发承包双方应该按照合同约定的时间、程序和方法，根据工程计量结果，办理进度款支付，支付周期应与合同约定的工程计量周期一致。

（一）进度款的计算

（1）已完工程的结算价款。已标价工程量清单中的单价项目，承包人应按工程计量确认的工程量与综合单价计算。如综合单价发生调整的，以发承包双方确认调整的综合单价计算进度款。已标价工程量清单中的总价项目，承包人应按合同中约定的进度款支付分解，分别列入进度款支付申请中的安全文明施工费和本周期应支付的总价项目的金额中。

（2）结算价款的调整。承包人现场签证和得到发包人确认的索赔金额列入本周期应增加的金额中。由发包人提供的材料、工程设备金额，应按照发包人签约提供的单价和数量从进度款支付中扣除，列入本周期应扣减的金额中。

（3）进度款支付的比例。进度款支付比例按照合同约定，按结算价总额计，不低于 60%，不高于 90%。

（二）进度款支付程序

（1）承包人递交已完工程量报告。承包人在工程实施过程中，应按合同约定，向发包人递交已完工程量报告。现行的《中华人民共和国标准施工招标文件》对已完工程量的计量作如下规定：

①综合单价子目的计量。已标价工程量清单中的单价子目工程量为估算工程量，结算工程量是承包人实际完成的。工程计量时，若发现工程量清单中出现漏项、工程量计算偏差，以及工程变更引起的工程量增减，应按承包人在履行合同义务过程中实际完成的工程量计算，并按合同约定的计量方法进行工程量的计量。

②总价包干子目的计算。总价子目的计量和支付应以总价为基础，不因物价波动引起的价格调整的因素而进行调整。承包人实际完成的工程量是进行工程目标管理和控制进度支出的依据。承包人在合同约定的每个计量周期内，对已完成的工程进行计量，并向发包人提交进度付款申请单、合同专用条款中约定的合同总价支付分解表所表示的阶段性或分项计量的支持性资料，以及所达到工程形象目标或分阶段需完成的工程量和有关计量资料。

（2）发包人核对已完成工程量报告。当发承包双方在合同中未对工程量的复核时间、程序、方法和要求作约定时，按以下规定办理：

① 承包人应在每个月末或合同约定的工程段完成后向发包人递交上月或上一工程段已完工程量报告；发包人应在接到报告后7天内按施工图纸（含设计变更）核对已完工程量，并应在计量前24h通知承包人。承包人应提供条件并按时参加，如承包人收到通知后不参加计量核对，则由发包人核实的计量应认为是对工程量的正确计量，如发包人未在规定的核对时间内通知承包人，致使承包人未能参加计量核对的，则由发包人所做的计量核实结果无效；如发承包双方均同意计量结果，则双方应签字确认。

② 如发包人未在规定的核对时间内进行计量核对，承包人提交的工程计量视为发包人已经认可。

③ 对于承包人超出施工图纸范围或因承包人原因造成返工的工程量，发包人不予计量。

④ 如承包人不同意发包人核实的计量结果，承包人应在收到上述结果后7天内向发包人提出，申明承包人认为不正确的详细情况。发包人收到后，应在2天内重新核对有关工程量的计量，或予以确认，或将其修改。

发承包双方认可的核对后的计量结果，应作为支付工程进度款的依据。

（3）承包人递交进度款申请。在工程量经复核认可后，承包人应在每个付款周期末，向发包人递交进度款支付申请，并附相应的证明文件。

（4）发包人支付进度款。发包人应在合同约定的时间内支付工程进度款。若双方在合同中未约定，根据现行的法规文件，按照以下内容执行：

① 根据确定的工程计量结果，发包人在收到承包人递交的工程进度款支付申请及相应证明文件后14天内，发包人应按不低于工程价款的60%且不高于工程价款的90%向承包人支付工程进度款。按约定时间发包人应扣回的预付款与工程进度款同期结算抵扣。

② 发包人超过约定的支付时间不支付工程进度款，承包人应及时向发包人发出要求付款的通知，发包人收到承包人通知后仍不能按要求付款，可与承包人协商签订延期付款协议，经承包人同意后可延期支付，协议应明确延期支付的时间和从工程计量结果确认后的第15天起计算应付款的利息（利率按同期银行贷款利率计）。

③ 发包人不按合同约定支付工程款，双方又未达成延期付款协议的，导致施工无法进行，承包人可停止施工，由发包人承担违约责任。

④ 符合规定范围合同价款的调整，工程变更调整的合同价款及其他条款中约定的追加合同价款应与工程款同期支付。

五、工程竣工结算

(一) 工程竣工结算的概念

工程竣工结算是指承包人按照合同规定的内容全部完成所承包的工程，经验收质量合格并符合合同要求之后，向发包人进行的最终工程价款结算。工程竣工结算分为单位工程竣工结算、单项工程竣工结算和建设项目竣工总结算，其中单位工程竣工结算和单项工程竣工结算也可看作是分阶段结算。

(二) 工程竣工结算的编审权限

单位工程竣工结算由承包人编制，发包人审查；实行总承包的工程，由具体承包人编制，在总包人审查的基础上，发包人审查。单项工程竣工结算或建设项目竣工总结算由总 (承) 包人编制，发包人可直接进行审查，也可以委托具有相应资质的工程造价咨询机构进行审查。政府投资项目，由同级财政部门审查。单项工程竣工结算或建设项目竣工总结算经发、承包人签字盖章后有效。承包人应在合同约定期限内完成项目竣工结算编制工作，未在规定期限内完成的并且提出不正当理由延期的，责任自负。

(三) 工程竣工结算的编制依据

(1) 国家有关法律、法规、规章制度和相关的司法解释。

(2) 建设工程工程量清单计价规范。

(3) 施工承发包合同、专业分包合同及补充合同，有关材料、设备采购合同。

(4) 招标投标文件，包括招标答疑文件、投标承诺、中标报价书及其组成内容。

(5) 工程竣工图或施工图、施工图会审记录，经批准的施工组织设计，以及设计变更、工程洽商和相关会议纪要。

（6）经批准的开、竣工报告或停、复工报告。

（7）双方确认的工程量。

（8）双方确认追加（减）的工程价款。

（9）双方确认的索赔、现场签证事项及价款。

（10）其他依据。

（四）工程竣工结算的计价原则

采用工程量清单计价的方式时，工程竣工结算的编制应当遵守的计价原则如下：

（1）分部分项工程费应依据双方确认的工程量、合同约定的综合单价计算，如发生调整的，以发承包双方确认调整的综合单价计算。

（2）措施项目费的计算应遵循以下原则：

① 采用综合单价计价的措施项目，应依据发承包双方确认的工程量和综合单价计算。

② 明确采用"项"计价的措施项目，应依据合同约定的措施项目和金额或发承包双方确认调整后的措施项目费金额计算。

③ 措施项目费中的安全文明施工费应按照国家或省级、行业建设主管部门的规定计算。施工过程中，国家或省级、行业建设主管部门对安全文明施工费进行了调整，措施项目费中的安全文明施工费也应做相应调整。

（3）其他项目费应按下列规定计算：

① 计日工的费用应按发包人实际签证确认的数量和合同约定的相应项目综合单价计算。

② 暂估价中的材料单价应按发承包双方最终确认价在综合单价中调整，专业工程暂估价应按中标价或发包人、承包人与分包人最终确认价计算。

③ 总承包服务费应依据合同约定金额计算，如发生调整的，以发承包双方确认调整的金额计算。

④ 索赔费用应依据发承包双方确认的索赔事项和金额计算。

⑤ 现场签证费用应依据发承包双方签证资料确认的金额计算。

⑥ 暂列金额应减去工程价款调整与索赔、现场签证金额计算，如有余

额归发包人。

（4）规费和税金应按照国家或省级、行业建设主管部门对规费和税金的计取标准计算。

（五）质量争议工程的竣工结算

发包人以对工程质量有异议，拒绝办理工程竣工结算的。

（1）已经竣工验收或已竣工未验收但实际投入使用的工程，其质量争议按该工程保修合同执行，竣工结算按合同约定办理。

（2）已竣工未验收且未实际投入使用的工程以及停工、停建工程的质量争议，双方应就有争议的部分委托有资质的检测鉴定机构进行检测，根据检测结果确定解决方案，或按工程质量监督机构的处理决定执行后办理竣工结算，无争议部分的竣工结算按合同约定办理。

（六）竣工结算款的支付流程

（1）承包人提交竣工结算款申请。承包人应根据办理的竣工结算文件，向发包人提交竣工结算款申请。该申请应包括下列内容：

① 竣工结算合同价款总额。

② 累计已实际支付的合同价款。

③ 应扣留的质量保证金。

④ 实际应支付的竣工结算款金额。

（2）发包人签发竣工结算支付证书。发包人应在收到承包人提交竣工结算款支付申请后 7 日内予以核实，向承包人签竣工结算支付证书。

（3）支付竣工结算款。发包人签发竣工结算支付证书后 14 天内，按照竣工结算支付证书列明的金额向承包人支付结算款。

发包人在收到承包人提交的竣工结算款申请后 7 天内不予核实，不向承包人签发竣工结算支付证书的，视为承包人的竣工结算款支付申请已被发包人认可；发包人应在收到承包人提交的竣工结算款支付申请 7 天后的 14 天内，按照承包人提交的竣工结算款支付申请列明的金额向承包人支付结算款。

发包人未按照规定的程序支付竣工结算款的，承包人可催告发包人支付，并有权获得延迟支付的利息。发包人在竣工结算支付证书签发后或者在收到承包人提交的竣工结算款支付申请 7 天后的 56 天内仍未支付的，除法律另有规定外，承包人可与发包人协商将该工程折价，也可直接向人民法院申请将该工程依法拍卖。承包人就该工程折价或拍卖的价款优先受偿。

第五节　资金使用计划的编制与应用

一、施工阶段资金使用计划的编制作用

施工阶段资金使用计划的编制与控制在整个工程造价管理中处于重要而独特的地位，它对工程造价的重要影响表现在以下几个方面：

（1）通过编制资金使用计划，合理确定工程造价施工阶段目标值，使工程造价的控制有所依据，并为资金的筹集与协调打下基础；如果没有明确的造价控制目标，就无法把工程项目的实际支出额与之进行比较，也就不能找出偏差，从而使控制措施缺乏针对性。

（2）通过资金使用计划的科学编制，可以对未来工程项目的资金使用和进度控制有所预测，消除不必要的资金浪费和进度失控，也能够避免在今后工程项目中由于缺乏依据而进行轻率判断所造成的损失，减少了盲目性，使现有资金充分发挥作用。

（3）在建设项目的进行过程中，通过资金使用计划的严格执行，可以有效地控制工程造价上升，最大限度地节约投资，提高投资效益。

对脱离实际的工程造价目标值和资金使用计划，应在科学评估的前提下，允许修订和修改，使工程造价更加趋于合理水平，从而保障发包人和承包人各自的合法利益。

二、资金使用计划的编制方法

（一）按不同子项目编制资金使用计划

一个建设项目往往由多个单项工程组成，每个单项工程可能由多个单位工程组成，而单位工程又由若干个分部分项工程组成。

按项目划分对资金的使用进行合理分配时，首先必须对工程项目进行

合理划分，划分的粗细程度根据具体实际需要而定，一般情况下，将投资目标分解到各单项工程和单位工程是比较容易办到的，结果也比较合理可靠。在投资计划分解到单项工程、单位工程的同时，还应分解到建筑工程费、安装工程费、设备购置费、工程建设其他费，这样有助于检查各项具体投资支出对象的落实情况。

(二) 按时间进度编制资金使用计划

建设项目的投资总是分阶段、分期支出的，资金应用是否合理与资金时间安排有密切关系。为了编制资金使用计划，并据此筹措资金，尽可能减少资金占用和利息支出，有必要将总目标按使用时间分解，确定分目标值。

按时间进度编制的资金使用计划通常采用横道图、时标网络图、S 形曲线、香蕉图等形式。其对应数据的产生都来源于施工计划网络图中时间参数（工序最早开工时间、工序最早完工时间、工序最迟开工时间、工序最迟完工时间、关键工序、关键线路、计划总工期）的计算结果与对应阶段资金使用要求。

（1）横道图。横道图是用不同的横道图标识已完工程计划投资、实际投资及拟完工程计划投资，横道图的长度与其数据成正比。横道图的优点是形象直观，但信息量少，一般用于管理的较高层次。

（2）时标网络图。时标网络图是在确定施工计划网络图的基础上，将施工进度与工期相结合而成的网络图。

（3）S 形曲线。S 形曲线即时间—投资累计曲线。利用确定的网络计划便可计算各项活动的最早及最迟开工时间，获得项目进度计划的横道图。在横道图的基础上便可编制按时间进度划分的投资支出预算，进而绘制时间—投资累计曲线（S 形曲线）。

（4）香蕉图。每条 S 形曲线对应某一特定的工程进度计划。进度计划的非关键线路中存在许多有时差的工序或工作，因而 S 形曲线必然包括在有全部活动都按最早开工时间开始和全部活动都按最迟时间开始的曲线所组成的香蕉图内。建设单位可根据编制的投资支出预算来合理安排资金，同时，建设单位也可以根据筹措的建设资金来调整 S 形曲线，即通过调整非关键线路上工序项目的开工时间，力争将实际的投资支出控制在预算的范围内。

香蕉图的绘制方法同 S 形曲线，不同之处在于分别绘制按最早开工时间和最迟开工时间的曲线，两条曲线形成类似香蕉的曲线图。

一般而言，所有活动都按最迟时间开始，对节约建设资金贷款利息是有利的，但同时也降低了项目按期竣工的保证率，因此，必须合理地确定投资支出预算，达到既节约投资支出，又控制项目工期的目的。

三、投资偏差分析

在项目实施过程中，由于众多随机因素和风险因素的影响，往往导致实际投资与计划投资、实际工程进度与计划工程进度的差异，将这两种差异分别称为投资偏差和进度偏差。投资偏差和进度偏差是施工阶段工程造价计算和控制的对象之一。

（一）实际投资与计划投资

由于时间—投资累计曲线中包含了投资计划，也包含了进度计划，因此有关实际投资和计划投资的变量包括了拟完工程计划投资、已完工程实际投资和已完工程计划投资。

（1）拟完工程计划投资。拟完工程计划投资就是指根据进度计划安排，在某一确定时间内所应完成的工程内容的计划投资。

（2）已完工程实际投资。已完工程实际投资就是根据实际进度完成状况在某一确定时间内已经完成的工程内容的实际投资。

（3）已完工程计划投资。从上述拟完工程计划投资与已完工程实际投资计算式可以看出，两者之间既存在投资偏差，又存在进度偏差，已完工程计划投资正是为了更好辨析这两种偏差而引入的变量，是指根据实际进度完成状况在某一确定时间内，以已完工程实际工程量与单位工程量计划单价的乘积。

（二）投资偏差与进度偏差

（1）投资偏差。投资偏差是指投资计划值与投资实际值之间存在的差异，当计算投资偏差时，应剔除进度原因对投资额产生的影响。

（2）进度偏差。进度偏差是指进度计划值与进度实际值之间存在的差异，当计算进度偏差时，因剔除单价原因产生的影响。

进度偏差为正值时，表示工期拖延；进度偏差为负值时，表示工期提前。

通俗地讲，拟完工程计划投资是指计划进度下的计划投资，已完工程实际投资是指实际进度下的实际投资。

（3）投资偏差的其他概念。

① 局部偏差与累计偏差。局部偏差有两层含义，一是相对于整体项目的投资而言，指各单项工程、单位工程和分部分项工程的偏差；二是相对于项目实施的时间而言，指每一控制周期所发生的投资偏差。累计偏差则是指在项目已经实施的时间内累计发生的偏差。局部偏差的工程内容及其原因一般比较明确，分析结果也就比较可靠；而累计偏差涉及的工程内容较多，范围较大，且原因也复杂，因而累计偏差分析必须以局部偏差分析的结果为基础进行综合分析，其结果更能显示规律性，对投资控制在较大范围内具有指导作用。

② 绝对偏差与相对偏差。绝对偏差是指投资计划与实际值比较所得的差额。相对偏差则是投资偏差的相对数或比例数，通常是用绝对偏差与投资计划值的比值来表示的。

绝对偏差与相对偏差的值均可正可负，且两者符号相同，正值表示投资增加，负值表示投资节约。在进行投资偏差分析时，对绝对偏差和相对偏差都要进行计算。绝对偏差的结果比较直观，其作用主要是了解项目投资偏差的绝对数额，知道调整资金支出计划和资金筹措计划。由于项目规模、性质、内容不同，其投资总额会有很大差异，因此绝对偏差就有一定的局限性。而相对偏差就能比较客观地反映投资偏差的严重程度和合理程度，从对投资控制工作的要求来看，相对偏差比绝对偏差更有意义应当予以更高重视。

（三）常用的偏差分析方法

常用的偏差分析方法有横道图分析法、曲线法、时标网络图法和表格法。

（1）横道图分析法。用横道图进行投资偏差分析，是用不同的横道标识拟完工程计划投资、已完工程实际投资和已完工程计划投资，在实际工程中有时需要根据拟完工程计划投资和已完工程实际投资确定已完工程计划投资后，再确定投资偏差和进度偏差。

根据拟完工程计划投资和已完工程实际投资，确定已完工程计划投资的方法。

① 已完工程计划投资和已完工程实际投资的横道位置相同。

② 已完工程计划投资与拟完工程计划投资的各子项工程的投资总值相同。

（2）曲线法。曲线法是用投资时间曲线（S 形曲线）进行分析的一种方法。用此法进行偏差分析时，通常有三条投资曲线，即已完工程实际投资曲线、已完工程计划投资曲线和拟完工程计划投资曲线。

用曲线法进行偏差分析，具有形象直观的优点，但不能直接用于定量分析，如果能与表格法结合起来，则会取得较好的效果。

（3）时标网络图法。时标网络图是在确定施工计划网络图的基础上，将施工的实施进度与日历工期相结合而形成的网络图。根据时标网络图可以得到每一时间段的拟完工程计划投资，已完工程实际投资可以根据实际工作完成状况测得，在时标网络图上，考虑实际进度前锋线并经过计算，就可以得到每一时间段的已完工程计划投资。实际进度前锋线表示整个项目目前实际完成的工作面情况，将某一确定时点下时标网络图中各个工序的实际进度点相连就可以得到实际进度前锋线。

时标网络图法具有简单、直观的特点，主要用来反映累计偏差和局部偏差，但实际进度前锋线的绘制有时会遇到一定的困难。

（4）表格法。表格法是进行偏差分析最常用的一种方法。可以根据项目的具体情况、数据来源、投资控制工作的要求等条件来设计表格，因而适用性较强，表格法的信息量大，可以反映各种偏差变量和指标，对全面深入地了解项目投资的实际情况非常有益；另外，表格法还便于用计算机辅助管理，提高投资控制工作的效率。

四、投资偏差产生的原因及纠正措施

(一) 引起偏差的原因

(1) 客观原因。包括人工费涨价、材料费涨价、自然条件变化、地基因素、交通条件变化、国家政策法规变化等。

(2) 业主原因。投资规划不当，组织计划不落实、建设手续不健全。因业主原因变更工程、业主未及时付款、协调不佳等。

(3) 设计原因。设计错误或缺陷、设计变更、设计标准变更、图纸提供不及时等。

(4) 施工原因。施工组织设计不合理、质量事故、进度安排不当等。

客观原因是无法避免的，施工原因造成的损失由施工单位负责，纠偏的主要对象是由于业主和设计原因造成的投资偏差。

(二) 偏差的类型

为了便于分析，往往还要对偏差类型进行划分。任何偏差都会表现出某种特点，其结果对造价控制工作的影响也各不相同，因此在数量分析的基础上，可将偏差划分为以下四种类型：

(1) 投资增加且工期拖延。这种类型是纠正偏差的主要对象，必须引起高度重视。

(2) 投资增加但工期提前。这种情况下要适当考虑工期提前带来的效益。如果增加的资金值超过增加的效益，还要采取纠偏措施；若这种收益与增加的资金值大致相当甚至高于投资增加额，则未必采取纠偏措施。

(3) 工期拖延但投资节约。这种情况下是否采取纠偏措施要根据实际需要。

(4) 工期提前且投资节约。这种情况是最理想的，不需要采取任何纠偏措施。

(三) 纠偏的措施

分析了偏差原因，造价控制工作并没有结束，造价控制工作的最终目的是采取切实可行的措施，进行主动控制和动态控制，尽可能地实现既定的投资目标。在施工管理方面，合同管理、施工成本管理、施工进度管理、施工质量管理是几个重要环节。在纠正施工阶段资金使用偏差的过程中，要按照经济性原则、全面性与全过程原则、责权相结合原则、政策性原则、开源节流相结合原则，在项目经理的负责下，在费用控制预测的基础上，各类人员共同配合，通过科学、合理、可行的措施，实现由分项工程、分部工程、单位工程、整体项目纠正资金使用偏差，进而实现工程造价控制的目标。通常把纠偏措施分为组织措施、经济措施、技术措施和合同措施。

（1）组织措施。组织措施是指从投资控制的组织管理方面采取的措施。例如，落实投资控制的组织结构人员，明确各级投资控制人员的任务、职能分工、权利和责任，改善投资控制工作流程等。组织措施是其他措施的前提保障。

（2）经济措施。经济措施不能只理解为审核工程量及相应支付价款，应从全局出发来考虑，如检查投资目标分解的合理性、资金使用计划的保障性、施工进度计划的协调性。另外，通过偏差分析和未完工程预测可以发现潜在的问题，及时采取预防措施，从而取得造价控制的主动权。

（3）技术措施。从造价控制的要求来看，技术措施并不都是因为发生了技术问题才加以考虑的，也可能因为出现了较大的投资偏差而加以运用。不同的技术措施往往会有不同的经济效果。运用技术措施纠偏，对不同的技术方案进行技术经济分析后加以选择。

（4）合同措施。合同措施在纠偏方面主要指索赔管理。在施工过程中，索赔事件的发生是难免的，发生索赔事件后要认真审查索赔依据是否符合合同规定，索赔计算是否合理等。

参考文献

[1] 林宗凡 . 建筑结构原理及设计 [M].4 版 . 北京：高等教育出版社，2022.

[2] 曹梦强，侯涛 . 结构设计原理 [M]. 重庆：重庆大学出版社，2021.

[3] 任国志，孙丽丽 . 结构设计原理 [M]. 天津：天津科学技术出版社，2021.

[4] 刘彦生，付洁，刘俊 . 结构设计中的原理——清华大学建筑设计研究院经典项目解析 [M]. 北京：中国建筑工业出版社，2023.

[5] 白久林，王宇航 . 装配式混凝土框架结构设计详解与实例 [M]. 重庆：重庆大学出版社，2023.

[6] 中国建筑标准设计研究院组织编制 .20G122 钢板剪力墙结构设计 [M]. 北京：中国计划出版社，2021.

[7] 谢俊 . 装配式剪力墙结构设计方法及实例应用 [M]. 北京：中国建筑工业出版社，2023.

[8] 叶浩文 . 装配式剪力墙结构住宅建筑设计指南 [M]. 北京：中国建筑工业出版社，2019.

[9] 何淅淅 . 高层建筑结构设计 [M]. 北京：机械工业出版社，2023.

[10] 熊海贝 . 高层建筑结构设计 [M]. 北京：机械工业出版社，2021.

[11] 胡群华，刘彪，罗来华 . 高层建筑结构设计与施工 [M]. 武汉：华中科技大学出版社，2022.

[12] 负禄 . 建筑设计与表达 [M]. 长春：东北师范大学出版社，2020.

[13] 杨龙龙 . 建筑设计原理 [M]. 重庆：重庆大学出版社，2019.

[14] 张丽丽 . 绿色建筑设计 [M]. 重庆：重庆大学出版社，2022.

[15] 吴凯，王嵩，李成 . 新时期绿色建筑设计研究 [M]. 长春：吉林科学技术出版社，2022.

[16] 李琰君.绿色建筑设计与技术 [M].天津：天津人民美术出版社，2021.

[17] 李正焜，高洁，王杰.BIM 工程造价应用 [M].北京：北京理工大学出版社，2023.

[18] 卢永琴，王辉.BIM 与工程造价管理 [M].北京：机械工业出版社，2021.

[19] 梁川红.BIM 工程造价软件应用 [M].东营：中国石油大学出版社，2022.

[20] 陈为民，仇一颗.建设工程计价与计量 [M].长沙：湖南大学出版社，2021.

[21] 柯洪，吴绍艳.建设工程计价（下）[M].北京：中国计划出版社，2023.

[22] 全国造价工程师职业资格考试培训教材编审委员会.全国一级造价工程师职业资格考试培训教材——建设工程计价 2023 版 [M].北京：中国计划出版社，2023.

[23] 夏立明.建设工程造价管理 [M].3 版.北京：中国计划出版社，2021.

[24] 廖劲松，李金伟，崔金辉.建设工程造价控制与管理 [M].长春：吉林科学技术出版社，2019.

[25] 赵庆华.工程造价审核与鉴定 [M].南京：东南大学出版社，2019.

[26] 胡芳珍.建设工程造价控制与管理 [M].3 版.北京：北京大学出版社，2023.

[27] 叶美英.建设工程项目过程造价控制与管理研究 [M].西安：西北工业大学出版社，2022.

[28] 郭喜梅.建筑工程质量与造价控制研究 [M].长春：吉林科学技术出版社，2021.

[29] 孟东秋.建筑工程造价控制与管理研究 [M].北京：中国商务出版社，2023.

[30] 吴学伟，谭德精，郑文建.工程造价确定与控制 [M].9 版.重庆：重庆大学出版社，2020.